图书在版编目（CIP）数据

PHP开发基础 / 李凯，王新科主编. — 西安：西安交通大学出版社，2024.10. — ISBN 978-7-5605-8971-8

Ⅰ.TP312.8

中国国家版本馆CIP数据核字第2024U41Y04号

PHP KAIFA JICHU

书　　名	PHP开发基础
主　　编	李　凯　王新科
策划编辑	杨　墦　张明玥
责任编辑	张明玥　王玉叶
责任校对	刘艺飞
封面设计	任加盟

出版发行	西安交通大学出版社 （西安市兴庆南路1号　邮政编码710048）
网　　址	http://www.xjtupress.com
电　　话	（029）82668357　82667874（市场营销中心） （029）82668315（总编办）
传　　真	（029）82668280
印　　刷	陕西印科印务有限公司
开　　本	787 mm×1092 mm　1/16　印张　19.25　字数　399千字
版次印次	2024年10月第1版　2024年10月第1次印刷
书　　号	ISBN 978-7-5605-8971-8
定　　价	69.80元

如发现印装质量有问题，请与本社市场营销中心联系。

订购热线：（029）82665248　（029）82667874

投稿热线：（029）82668804

读者信箱：phoe@qq.com

版权所有　侵权必究

近年来，PHP（page hypertext preprocessor，页面超文本预处理器）成为广受欢迎的一种动态网站开发语言，我们可以看到大量的 PHP 网站以及与 PHP 开发相关的工作，PHP 开发工具已广泛植根于整个信息技术行业之内。诸如搜索引擎、电子商务平台、人力资源服务平台、社交平台等大型网站都是基于 PHP 开发的。PHP 以免费、开源、支持跨平台、支持面向过程和面向对象等优点受到广大 Web 开发者的喜爱，当前，PHP 还可以用于混合式开发移动端功能软件，未来发展可期。

编写本书时，编者本着服务学生（或初学者）的原则，以一名初入职场的员工林林为出发点，从零开始接触 PHP，由浅入深，层层递进的方式逐步掌握 PHP 的精髓，将林林从一个技术小白培养成一名专业的 IT（information technology，信息技术）人才。在学习的过程中，不仅重视知识目标和技能目标，同时也关注素养目标的提升，加强行为规范和思想意识的引领作用，培养造就德才兼备的高素质人才。

本书共 10 个项目，包括 PHP 基本知识、网站设计基础、数据与运算、流程控制、函数、数组、表单与会话控制、目录和文件、数据库及面向对象，每个项目设置有情景导入、项目目标、知识准备、项目实践、项目小结、成长驿站、项目实训、项目习题等环节。

情景导入：根据林林每个学习阶段的学习情况和心理变化，不断引导进入下一步的学习。

项目目标：阐明了本项目学习的知识目标、技能目标和素养目标。

知识准备：通过一个个的任务案例，使其掌握完成项目所需的相关知识。

项目实践：根据知识准备，对项目的任务进行分析和实施。

项目小结：对整个项目的学习内容进行总结，巩固所学知识。

成长驿站：培养综合素质，引导未来的职业发展方向，构建积极向上的健康心理。

项目实训：给出与任务配套的实训案例，进一步提高动手能力。

项目习题：通过习题练习，巩固本项目所学知识与技能。

本书所有代码都是基于 phpStudyV8.1 集成开发环境的最新版，数据库使用的是 MySQL5.7，本书是河南省职业教育和继续教育精品在线开放课程"PHP 开发基础"的配套教材，开发了丰富的数字化教学资源，已在"智慧职教"平台（www.icve.com.cn）上线。本书配有授课计划、课程标准、微课视频、授课幻灯片及源代码等丰富的数字化学习资源。

  本书由李凯、王新科、李廷锋、万宏凤、王艳然、刘晓珍、刘欢欢编著，在编写过程中，得到了河南合众信泰科技有限公司刘克祥高级工程师的帮助，他对于项目、任务案例及任务实践的选择提出了很多宝贵的意见，全体人员在这近一年的编写过程中付出了很多辛勤的汗水，在此一并表示衷心的感谢。

  由于编者水平有限，疏漏之处在所难免，敬请广大读者批评指正。

编 者
2024 年 8 月

扫码获取本书配套讲解视频及源代码

视频

源代码

项目1　开发第一个PHP程序
——PHP基本知识 …… 1

知识准备 ……………………… 2

1.1　认识PHP ………………… 2
- 1.1.1　PHP的发展 …………… 2
- 1.1.2　PHP的特点 …………… 3
- 1.1.3　PHP的应用领域 ……… 3

1.2　分析PHP工作原理 ……… 3
- 1.2.1　静态网页与动态网页 … 3
- 1.2.2　PHP工作原理 ………… 4

1.3　知悉PHP开发环境 ……… 6
- 1.3.1　PHP开发环境的主要组成… 6
- 1.3.2　集成化PHP开发环境 … 6
- 1.3.3　常用的代码编辑器 …… 7

项目实践 ……………………… 8
- 任务1　安装phpStudy集成化开发环境 …………………… 8
- 任务2　安装VS Code代码编辑器 … 13
- 任务3　编写第一个PHP程序 … 15

项目2　会员注册界面
——网站设计基础 … 22

知识准备 ……………………… 22

2.1　认识HTML ……………… 22
- 2.1.1　HTML基本标签………… 23
- 2.1.2　HTML表单…………… 40

2.2　CSS入门知识 …………… 44
- 2.2.1　CSS的引用方式 ……… 44
- 2.2.2　CSS选择器 …………… 47
- 2.2.3　CSS属性和属性值…… 51

项目实践 ……………………… 54
- 任务1　注册页面的设计 …… 54
- 任务2　使用CSS样式设置 … 58

项目3　个人成绩分析程序
——PHP数据与运算 … 67

知识准备 ……………………… 68

3.1　PHP语法基础 …………… 68
- 3.1.1　PHP基本语法………… 68

3.1.2　PHP标识符与关键字…… 70
　　3.1.3　PHP编码规则…………… 71
3.2　变量………………………… 72
　　3.2.1　变量的定义与命名规则… 72
　　3.2.2　变量的赋值……………… 73
　　3.2.3　变量的作用域…………… 74
3.3　常量………………………… 76
　　3.3.1　自定义常量……………… 77
　　3.3.2　预定义常量……………… 77
3.4　PHP的数据类型…………… 78
　　3.4.1　标量数据类型…………… 78
　　3.4.2　复合数据类型…………… 80
　　3.4.3　特殊数据类型…………… 81
　　3.4.4　数据类型转换与检测…… 82
3.5　PHP运算符………………… 84
　　3.5.1　算术运算符……………… 84
　　3.5.2　赋值运算符……………… 85
　　3.5.3　字符串运算符…………… 85
　　3.5.4　位运算符………………… 85
　　3.5.5　逻辑运算………………… 86
　　3.5.6　比较运算符……………… 86
　　3.5.7　三元运算符……………… 87
　　3.5.8　运算符的优先级………… 87
项目实践……………………………… 88
　任务1　设计个人成绩分析程序的
　　　　　界面………………………… 89
　任务2　实现个人成绩分析程序的

　　　　　统计功能…………………… 90

项目4　学生成绩评级系统
　　　　——流程控制………… 95

知识准备……………………………… 96
4.1　条件语句…………………… 96
　　4.1.1　if语句…………………… 96
　　4.1.2　if-else语句……………… 98
　　4.1.3　if-elseif-else语句……… 98
　　4.1.4　switch语句…………… 101
4.2　循环语句………………… 102
　　4.2.1　while循环……………… 103
　　4.2.2　do-while循环………… 103
　　4.2.3　for循环………………… 104
　　4.2.4　循环嵌套……………… 105
4.3　跳转语句………………… 106
　　4.3.1　break语句……………… 106
　　4.3.2　continue语句…………… 107
项目实践…………………………… 108
　任务1　闰年判断系统…………… 108
　任务2　百钱买百鸡问题………… 110

项目5　学生成绩管理系统
　　　　——函数…………… 114

知识准备…………………………… 115

5.1　函数的定义与调用 ………… 115
　　5.1.1　认识函数 …………… 115
　　5.1.2　函数的创建与调用 …… 115
　　5.1.3　设置函数的参数 …… 116
　　5.1.4　函数的嵌套调用 …… 119
5.2　函数高级应用 ……………… 121
　　5.2.1　可变函数 …………… 121
　　5.2.2　回调函数 …………… 122
　　5.2.3　匿名函数 …………… 123
5.3　PHP的内置函数 …………… 124
　　5.3.1　字符串处理函数 …… 124
　　5.3.2　日期和时间函数 …… 126
　　5.3.3　其他有用的内置函数
　　　　　…………………………… 127

项目实践 ……………………… 128

任务1　学生成绩管理系统 …… 128

任务2　学生成绩管理系统升级版
　　　　………………………… 130

**项目6　学生期末成绩处理系统
　　　　——PHP数组** ……… 135

知识准备 ……………………… 136

6.1　认识数组和数组类型 ……… 136
　　6.1.1　数组是什么 ………… 136
　　6.1.2　数组类型 …………… 136
6.2　创建数组 …………………… 138

　　6.2.1　直接赋值方式 ……… 138
　　6.2.2　array()函数方式 …… 140
　　6.2.3　短数组方式 ………… 142
6.3　访问数组 …………………… 143
　　6.3.1　访问数组元素 ……… 143
　　6.3.2　访问整个数组 ……… 144
　　6.3.3　遍历数组 …………… 145
6.4　使用算法对一维数组排序 … 148
　　6.4.1　使用冒泡法排序 …… 148
　　6.4.2　使用简单选择排序 … 150
6.5　数组处理函数 ……………… 151

项目实践 ……………………… 153

任务1　计算总分并按总分降序排列
　　　　………………………… 154

任务2　以表格形式输出学生期末成绩表 ……………………… 156

**项目7　"不忘初心，牢记使命"
　　　　主题教育答题网站
　　　　——表单与会话控制** … 163

知识准备 ……………………… 164

7.1　设计表单 …………………… 164
　　7.1.1　表单界面设计 ……… 164
　　7.1.2　表单数据验证 ……… 168
　　7.1.3　表单数据提交与获取 … 170

7.2　Cookie管理…………………… 173
　　7.2.1　了解Cookie …………… 173
　　7.2.2　Cookie的工作原理 …… 174
　　7.2.3　创建Cookie …………… 175
　　7.2.4　读取Cookie …………… 176
　　7.2.5　删除Cookie …………… 177
7.3　Session管理 ………………… 178
　　7.3.1　了解Session …………… 178
　　7.3.2　Session的工作原理 …… 178
　　7.3.3　启动Session …………… 179
　　7.3.4　使用Session …………… 180
　　7.3.5　删除Session …………… 181
7.4　Cookie与Session的区别与
　　　联系 ………………………… 182

项目实践 ……………………………… 183

任务1　用户登录与身份验证 … 183
任务2　答题功能实现 ………… 187
任务3　答题成绩统计与展示 … 192

项目8　文件操作系统
　　　　——目录和文件 ………… 201

知识准备 ……………………………… 202

8.1　文件处理 …………………… 202
　　8.1.1　打开/关闭文件 ………… 202
　　8.1.2　从文件中读取数据 …… 204
　　8.1.3　在文件中写入数据 …… 209

8.1.4　其他常用文件操作函数　210
8.2　目录处理 …………………… 211
　　8.2.1　创建目录 ……………… 211
　　8.2.2　打开/关闭目录 ………… 212
　　8.2.3　浏览目录 ……………… 214
　　8.2.4　其他常用目录操作函数… 215
8.3　查看文件和目录…………… 215
　　8.3.1　查看文件名称 ………… 216
　　8.3.2　查看文件目录 ………… 216
　　8.3.3　查看文件路径 ………… 217
8.4　文件的上传和下载………… 218
　　8.4.1　文件上传的基本知识 … 218
　　8.4.2　预定义变量$_FILES …… 219
　　8.4.3　文件上传函数 ………… 220
　　8.4.4　文件下载函数 ………… 220

项目实践 ……………………………… 221

任务1　文件的上传 …………… 221
任务2　多个文件的上传 ……… 223
任务3　文件的下载 …………… 224

项目9　新闻管理系统
　　　　——数据库 ……………… 229

知识准备 ……………………………… 229

9.1　PHP访问MySQL数据库的一般
　　　流程 ………………………… 230

9.2　PHP访问MySQL数据库的具体方法 ………………………… 231
　　9.2.1　连接MySQL服务器 …… 231
　　9.2.2　选择MySQL数据库 …… 232
　　9.2.3　执行SQL语句 ………… 233
　　9.2.4　处理查询结果集 ……… 235

项目实践 ……………………………… 242
　任务1　数据库设计 …………… 242
　任务2　首页设计……………… 243
　任务3　添加新闻信息 ………… 245
　任务4　查询新闻信息 ………… 248
　任务5　新闻内容的修改 ……… 253
　任务6　新闻内容的删除 ……… 260

项目10　贷款计算器
　　　　　　——面向对象 ……… 268

知识准备 ……………………………… 269
　10.1　类和对象 ………………… 269
　　10.1.1　类的概念 …………… 269
　　10.1.2　对象 ………………… 270
　　10.1.3　构造方法 …………… 271
　　10.1.4　析构方法 …………… 273
　10.2　面向对象的三大特征 …… 274
　　10.2.1　封装 ………………… 274
　　10.2.2　继承 ………………… 276
　　10.2.3　多态 ………………… 277
　10.3　抽象类和接口 …………… 279
　　10.3.1　抽象类 ……………… 279
　　10.3.2　接口 ………………… 281
　10.4　静态属性和静态方法 …… 283
　　10.4.1　静态属性 …………… 283
　　10.4.2　静态方法 …………… 284
　10.5　常用方法 ………………… 285
　　10.5.1　属性重载 …………… 285
　　10.5.2　方法重载 …………… 286
　　10.5.3　＿＿clone()方法 ………… 287

项目实践 ……………………………… 289
　贷款计算器 …………………… 289

项目 1

开发第一个PHP程序——PHP基本知识

情景导入

林林最近刚刚入职 e 点网络科技公司，公司基于业务需要要求他用 PHP 为网站开发一些软件系统。尽管林林之前没有接触过 PHP，但他对自己充满信心，坚信只要把握现在、奋力拼搏，定能掌握 PHP 并利用它进行网站开发。在几位资历较深的网站开发工程师的帮助下，林林制订了学习规划，将整个学习过程分为 10 个项目，在每个项目的引导下进行相关知识的学习，在完成项目的实践中锤炼技能。在项目 1 中，林林要开发第一个 PHP 程序，为此他要了解 PHP 的基本知识、PHP 开发的相关软件、开发环境的搭建，还有 PHP 程序的基本结构和开发流程等。时不我待，计划完毕之后，林林立即开始了项目 1 的学习之旅。

项目目标

1. 知识目标

- ◆ 了解 PHP 的发展、特点及应用领域。
- ◆ 了解静态网页与动态网页的区别，以及 PHP 的工作原理。
- ◆ 了解 PHP 开发的常用软件。
- ◆ 了解常用的 PHP 集成化开发环境。
- ◆ 了解常用的 PHP 代码编辑工具。

2. 技能目标

- ◆ 能使用 phpStudy 搭建 PHP 集成化开发环境，并根据需要开启相关服务。
- ◆ 能使用 VS Code 编写简单 PHP 程序，并在浏览器中打开查看。

3. 素养目标

- ◆ 培养时不我待、只争朝夕的时间意识。
- ◆ 培养把握现在、努力拼搏的奋斗意识。
- ◆ 培养脚踏实地、善作善成的工作风格。

> 知识准备

1.1 认识PHP

PHP 是一种服务器端脚本语言，必须在服务器环境下运行。PHP 可以嵌入 HTML（hypertext mark language，超文本标记语言）中，尤其适合 Web 开发，具有开源免费、跨平台、安全高效、简单易学等特点，使它成为广泛使用和最受欢迎的 Web 编程语言。

1.1.1 PHP的发展

PHP 诞生于 1994 年，由拉斯姆斯·勒多夫（Rasmus Lerdorf）创建的一套名为 "Personal Home Page Tools" 的脚本，用来显示个人履历和统计网页流量。

1996 年，勒多夫发布 PHP2.0，命名为 PHP/FI（forms interpreter，模式解释器），该版本可以处理复杂的嵌入式标签语言，能够处理表单和访问 MySQL 数据库，成为当时创建动态网页的一种流行工具。

1997 年，两位以色列工程师——泽夫·苏拉塞（Zeev Suraski）和安迪·古特曼（Andi Gutmans）加入 PHP 开发小组，之后很多开发人员也自愿加入 PHP 的开发中，PHP 成为真正意义上的开源项目。

2000 年，PHP4.0 版发布，该版本使用 Zend 引擎为 PHP 提供了强大的动力，提高了运行复杂程序的性能，支持多种 Web 服务器、丰富的函数库、类和对象的语法等，开始采用面向对象的编程思想。

2015 年，PHP7.0 发布，该版本引入全新的 Zend3.0 引擎，极大地提升了 PHP 的性能，执行速度比之前的版本快两倍以上。此外，PHP7.0 还引入了标量类型声明和返回类型声明等新的特性。

2020 年，PHP8.0 发布，该版本在语法和功能上都有重要的改进和增强，能够更好地适应 Web 开发的新需求。该版本引入了很多新功能和优化项，包括命名参数、联合类型、注解、match 表达式、nullsafe 运算符以及构造器属性提升等，同时改进了类型系统、错误处理、语法一致性等，使得 PHP 语言更加高效、安全和强大。

PHP 的发展历程是一个不断改进性能和增强功能的过程。目前，PHP 被广泛应用于全球范围的网站和 Web 应用开发中，如 Facebook、Wikipedia、Wordpress、Baidu、Alibaba、Yahoo 等大型互联网平台，如此广泛的应用充分证明了 PHP 的价值和可靠性。在未来，PHP 的新版本必将进一步强化安全性和功能性，帮助开发者构建更加高效、安全和智能的应用程序。

1.1.2 PHP的特点

（1）开源免费。PHP开放源代码，所有的PHP自身程序代码都可以被免费使用、学习和交流，用户可以免费使用PHP进行程序开发。

（2）简单易学。PHP混合了C语言和Java语言的特点，语法结构简单，内置了大量的函数，有C语言或Java语言基础的用户在学习了PHP基本语法和常用PHP函数后，就可以轻松编写PHP程序。

（3）执行效率高。PHP消耗的系统资源很少，服务器除了承担程序解释负荷外，无须承担其他负荷，执行速度比ASP和JSP更快，而且性能稳定。

（4）安全性高。PHP是公认的高安全性编程语言，因为PHP开源，所有人都可以对PHP代码进行研究，因此能尽可能多地发现存在的问题和错误，并及时纠正。

（5）跨平台。PHP支持几乎所有流行的数据库，支持几乎所有的主流操作系统。同一个PHP应用程序，无须修改源代码就可以在Windows、LINUX、UNIX等操作系统中运行。

（6）支持面向对象和面向过程。PHP支持面向对象和面向过程两种编程方式，对于提高PHP编程能力和规划Web开发框架意义很大。

1.1.3 PHP的应用领域

PHP被广泛应用于Web开发、服务器端脚本编程等领域。全球2亿多个网站中有超过81.7%的公共网站在服务器端采用PHP。PHP最常用于以下几个领域。

（1）网站开发。PHP可以用于开发各种类型的网站，包括电子商务网站、社交媒体网站、博客等。

（2）服务器端脚本编程。PHP可以用于编写各种类型的服务器端脚本，包括文件上传、电子邮件处理、数据库操作等。

（3）命令行脚本编程。PHP可以用于编写各种类型的命令行脚本，包括数据处理、系统管理等。

1.2 分析PHP工作原理

1.2.1 静态网页与动态网页

网站是由网页组成的，网页分为静态网页和动态网页两种。

1. 静态网页

静态网页是指没有后台数据库、不含程序、不可交互的网页。目前流行的静态网页都是用 HTML、CSS（Cascading Style Sheets，层叠样式表）、JavaScript、jQuery 编写的 HTML 文件，扩展名为 .htm 或 .html。

静态网页借助 JavaScript、jQuery 可实现具有交互性的动态效果，如动态变换图像、动态更新日期等。但静态网页的所有动态效果都是事先设计好的固定内容，网页中显示的内容通常不会因人、因时不同而不同，只要没有重新设计或修改网页，任何人在任何时候浏览页面时，显示内容都是一样的。所以具有动态效果的静态网页不是真正意义上的动态网页。

2. 动态网页

动态网页是使用 HTML、CSS、JavaScript、jQuery 结合 ASP、PHP 或 JSP 代码，借助后台数据库编写的扩展名为 .asp、.php 或 .jsp 的文件，在动态网页代码中往往会穿插使用静态代码和动态代码。

动态网页的显著特点是，网页中显示的内容因人、因时不同而不同。不同的人登录同一页面看到的结果可能不同，同一个人在不同时间段登录页面看到的结果也可能不同。

在动态网页中，通过使用表单实现用户与服务器的交互，用户在表单界面输入相关信息之后，单击"登录""注册""提交""确认"等 submit 类按钮，可将数据提交给服务器，服务器端执行相关的动态网页文件，将结果返回给浏览器供用户浏览。

3. 静态网页与动态网页的区别

（1）使用技术不同。静态网页使用 HTML、CSS、JavaScript、jQuery 等技术；动态网页除了使用 HTML、CSS、JavaScript、jQuery 等技术外，增加了 PHP、JSP 和 ASP 等核心技术。

（2）文件扩展名不同。静态网页扩展名为 .htm 或 .html；动态网页扩展名根据使用核心技术不同，可以是 .php、.jsp、.asp 等。

（3）页面内容更新方式不同。静态网页页面内容基本不变；动态网页则依据访问用户不同、访问时间不同而展现不同的内容。

（4）执行位置不同。静态网页只需要在浏览器端执行；动态网页中动态代码部分只能在服务器端执行。

1.2.2 PHP 工作原理

1. PHP 系统的组成

PHP 是实现动态网页的核心技术之一，典型的 PHP 系统由三部分组成，即：Web

服务器、PHP 解释器和浏览器。

（1）Web 服务器。在 Web 系统中提供服务（响应）的计算机称为服务器，也称为服务器端，Apache、Nginx 和 Microsoft IIS 是最常用的三种 Web 服务器。

（2）PHP 解释器。实现对 PHP 程序的解释和编译。

（3）浏览器。即 Web 客户端，向服务器发送请求和接受服务的计算机，客户端主要通过浏览器与服务器交互，所以也称为浏览器端。PHP 能够在所有主流操作系统和浏览器上使用，因为 PHP 代码在发送到浏览器时已经被 PHP 解释器解释成为普通 HTML 代码。

2. PHP 工作过程

PHP 动态网页的实现过程就是 Web 服务器、PHP 解释器和浏览器之间的协作过程，PHP 的工作过程如图 1-1 所示。

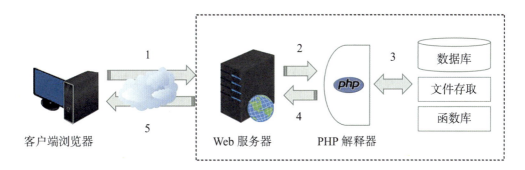

图1-1　PHP的工作过程

从图 1-1 中的执行过程可以看出，PHP 动态网页的工作过程由以下 5 个步骤组成。

步骤 1：请求。用户在浏览器地址栏输入要访问的 PHP 页面地址，向 Web 服务器发送访问请求。

步骤 2：执行。Web 服务器接收客户端发来的 PHP 请求，从服务器中取出对应的 PHP 应用程序，将其发送给 PHP 解释器进行解释并执行。

步骤 3：数据处理。PHP 解释器根据命令进行数据处理，如进行数据库操作、文件存取或执行函数库中的函数等，然后动态生成相应的 HTML 页面。

步骤 4：返回结果。PHP 解释器将生成的 HTML 页面返回给 Web 服务器。

步骤 5：响应。Web 服务器将 HTML 页面作为响应返回给客户端浏览器。

1.3 知悉PHP开发环境

1.3.1 PHP开发环境的主要组成

PHP作为一种动态网页编程技术,其程序的运行需要Web服务器环境、PHP解释器和数据库技术的支持。PHP支持Apache、Nginx和Microsoft IIS等主流Web服务器,本教程选用Apache来搭建Web服务器。PHP支持MySQL、SQL Server、Oracle等主流数据库,考虑到Apache+MySQL+PHP(AMP)是公认的"黄金组合",而且是跨平台的,因此本教程选用MySQL数据库。下面对常用的PHP开发环境软件进行介绍。

1. Apache

Apache是一种开源的Web服务器软件,支持多平台,并且易于配置。在搭建PHP开发环境时,Apache通常与PHP一起使用,以便在Web服务器上执行PHP脚本。

2. MySQL

MySQL是一种关系型数据库管理系统,也常用于Web开发。PHP可以通过MySQL扩展连接到MySQL数据库,实现与数据库的交互。在PHP开发中,常使用MySQL来存储和管理数据。

3. PHP

PHP是一种服务器端脚本语言,用于Web开发。安装和配置PHP是搭建PHP开发环境最关键的一步。PHP提供了很多扩展和函数,方便开发人员编写动态的Web应用程序。

1.3.2 集成化PHP开发环境

搭建PHP开发环境需逐个安装并配置Apache、MySQL、PHP等软件,过程极为繁琐。为此,很多公司提供了集成化的PHP开发环境套件,能够实现一键搭建PHP开发环境,从而帮助开发者简化环境搭建过程,提高开发效率。

常见的PHP集成开发环境有以下几种。

1. WAMP(Windows+Apache+MySQL+PHP)

WAMP适用于Windows操作系统,集成Windows操作系统下最常用的开发工具,如Apache服务器、MySQL数据库和PHP语言。

2. LAMP（Linux+Apache+MySQL+PHP）

LAMP 是适用于 Linux 操作系统的 PHP 集成环境。

3. MAMP（Mac+Apache+MySQL+PHP）

MAMP 是适用于 Mac 操作系统的 PHP 集成环境，为 Mac 用户提供了简单易用的界面，使他们能够快速搭建开发环境。

4. XAMPP（Apache+MySQL+PHP+Perl）

XAMPP 是一款跨平台的 PHP 集成环境，适用于 Windows、Mac 和 Linux 等操作系统。

5. phpStudy

phpStudy 集成了最新的 Apache、Nginx、PHP、MySQL、phpMyAdmin 和 ZendOptimizer 等开发工具，具有一次性安装、无须配置即可使用的特点，是非常方便、好用的 PHP 调试环境。对于 PHP 初学者来说，开发环境的配置是一件很困难的事情，phpStudy 无疑是一个很好的选择。

1.3.3 常用的代码编辑器

PHP 运行环境搭建好之后，还需要选择一个代码编辑工具来编写 PHP 程序，常用的 PHP 代码编辑工具有 Visual Studio Code、Notepad++、Zend Studio、NetBeans 等。

1. Visual Studio Code

Visual Studio Code 简称 VS Code，是由微软公司推出的一款免费开源的代码编辑器，一经推出便受到开发者的欢迎。它默认支持 PHP 语法，可以通过从 VS Code 市场下载 PHP 扩展，使其成为适合特定编码需求的高级 PHP 编辑器。它的高效和跨平台等特点，使其成为许多人的首选编程工具。

2. Notepad++

Notepad++ 是一款在 Windows 环境下免费开源的代码编辑器，支持的语言包括 C/C++、Java、C#、XML、HTML、PHP、JavaScript 等。

3. Zend Studio

Zend Studio 是目前公认的最强大的 PHP 开发工具，集成了用于编辑、调试、配置 PHP 程序所需要的客户端及服务器组件，具有符合工业标准的 PHP 开发环境、PHP 引擎和功能齐全的调试器等。

4. NetBeans

NetBeans 是一款免费开源的集成开发环境，支持多种编程语言，包括 Java 和 PHP，可以在 Windows、Linux、Mac 等平台上进行开发。

以上四种编辑工具中，Zend Studio 和 NetBeans 虽然功能强大，但需要占用较多系统资源，使用较为复杂，适合专业的开发人员使用。VS Code 和 Notepad++ 轻巧便捷，占用较少系统资源，非常适合 PHP 学习者使用。相对而言，VS Code 更为专业、使用更为方便，所以本教程选用 VS Code 作为 PHP 代码编辑工具，VS Code 的图标如图 1-2 所示。

图1-2　VS Code的logo

项目实践

任务1　安装phpStudy集成化开发环境

任务分析

要进行 PHP 程序开发需要逐个安装 Apache、MySQL、PHP 等多种软件，还要对其进行必要的配置，因步骤繁多而较为麻烦。为了提高工作效率，采用 phpStudy 来搭建一个集成化的 PHP 开发环境并在安装完成后熟悉 phpStudy 的使用方法。

任务实施

1. 下载 phpStudy

步骤1：在浏览器中输入 www.xp.cn，打开 phpStudy 网站首页，单击"Windows 版"。

步骤2：在页面右侧可以看到当前 phpStudy 的最新版本，单击"立即下载"，选择"64位下载"，如图 1-3 所示，之后弹出下载窗口，显示下载进度。

图1-3　选择64位下载

步骤 3：等待下载完成后，单击"在文件夹中显示"按钮，即可看到下载的安装包为"phpStudy_64.zip"。

2. 安装 phpStudy

步骤 1：双击已下载的安装包 phpStudy_64.zip，将其打开，然后双击安装文件 phpstudy_x64_8.1.1.3.exe，即可弹出"立即安装"窗口。

步骤 2：在"立即安装"窗口中，单击"自定义选项"，可以看到 phpStudy 的安装目录为 D:\phpstudy_pro。单击"浏览"按钮可以更改安装目录，这里保持默认，直接单击"立即安装"按钮。

步骤 3：自动开始安装，并显示安装进度，等待安装完毕后单击"安装完成"按钮。整个安装过程无须进行任何操作，只需等待即可。

3. 熟悉 phpStudy 的使用方法

步骤 1：双击桌面上的 phpstudy_pro 快捷图标打开 phpStudy 的首页（即主界面），在该页面可以看到各项服务的运行状态。当服务指示灯为红色时，表示服务未开启，指示灯为蓝色时，表示服务在正常运行。单击某项服务右边的"启动"按钮可以开启该服务，单击"停止"按钮则终止该服务。现在依次单击 Apache2.4.39 和 MySQL5.7.26 右边的启动按钮开启这两项服务，此时 phpStudy 的首页界面如图 1-4 所示。

图1-4　开启两项服务后的phpStudy首页界面

步骤 2：单击左侧栏中的"网站"，切换到网站页面，在这里可以看到 phpStudy 内置的测试网站，该网站的域名为 localhost，端口为 80，物理路径为 D:/phpstudy_pro/WWW，如图 1-5 所示。

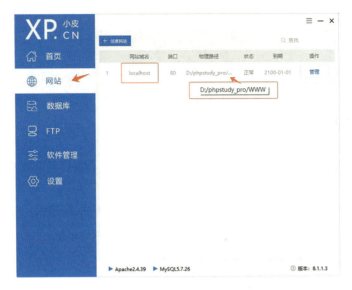

图1-5 phpStudy的网站页面

步骤3：单击左侧栏中的"数据库"，切换到数据库页面，在这里可以看到phpStudy内置了一个root数据库，该数据库的用户及密码均为root，如图1-6所示，请牢记此用户和密码，在后面使用PHP操作数据库时需要用到。

图1-6 phpStudy的数据库页面

phpStudy提供了一个图形化的数据库管理工具phpMyAdmin，使用该工具可以实现以Web页面形式创建/删除数据库、创建/删除表、新增/修改/删除字段、执行SQL脚本等操作，而无须使用复杂难记的命令。安装和使用phpMyAdmin的具体操作步骤如下。

项目 1　开发第一个 PHP 程序——PHP 基本知识

步骤 4：在软件管理页面中向下翻页，找到 phpMyAdmin4.8.5，单击"安装"，如图 1-7 所示。在随后弹出的"选择站点"窗口中选中 localhost 网站，单击"确认"后开始下载并自动安装，等待直到安装完成。

图 1-7　安装 phpMyAdmin

步骤 5：切换到 phpStudy 的首页界面，单击右上角"数据库工具"右边的"打开"按钮，在下拉菜单中选择"phpMyAdmin"，如图 1-8 所示，单击后打开登录页面。

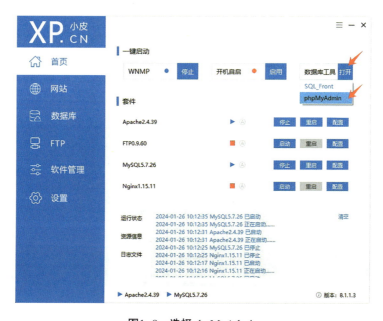

图 1-8　选择 phpMyAdmin

步骤6：在phpMyAdmin登录页面输入用户名和密码，在默认情况下均为root，如图1-9所示，单击"执行"按钮后打开数据库管理页面，在该页面下可以通过图形化方式进行数据库的各项管理操作。

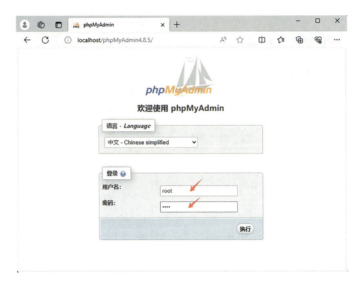

图1-9　phpMyAdmin登录页面

至此，PHP开发环境已经搭建成功，Apache网站服务器已经启动，其内置网站的域名为localhost，物理路径为D:/phpstudy_pro/WWW，在该文件夹中已经建好一个叫index.html的网页文件，下面利用该文件测试一下网站服务器。

步骤7：打开浏览器，在地址栏输入localhost/index.html，显示结果如图1-10所示，从图中可以看出内置网站主页index.html已经被打开，站点创建成功。

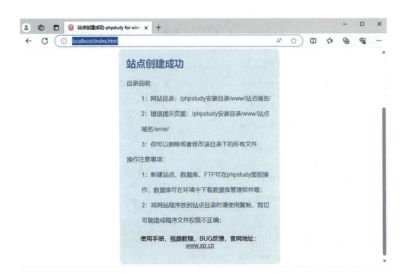

图1-10　访问phpStudy内置网站主页

任务2　安装VS Code代码编辑器

任务分析

进行 PHP 程序开发还需要一个好的代码编辑器，经过调查和比较决定选用微软的 VS Code。接下来要做的就是下载 VS Code，然后进行安装，最后还需要做一些简单的配置来提高编程效率。

任务实施

1. 下载 VS Code

步骤1：在浏览器中输入网址 code.visualstudio.com，登录 Visual Studio Code 官方网站，单击"Download for Windows"按钮，如图1-11所示，该页面会自动识别当前的操作系统并下载相应的安装包。

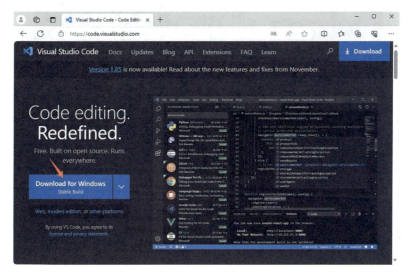

图1-11　Visual Studio Code官网

步骤2：下载完成后，单击"在文件夹中显示"按钮，在随后打开的窗口中可以看到安装包的文件名为VSCodeUserSetup-x64-1.85.2.exe。

2. 安装 VS Code

步骤1：双击已经下载的安装文件VSCodeUserSetup-x64-1.85.2.exe即可启动安装，在许可协议页面选中"我同意此协议"；在选择目标位置页面使用默认安装位置，直接单击"下一步";在"选择附加任务"页面,勾选"创建桌面快捷方式";其余均按页面提示,单击"下一步"或"安装",最后单击"完成",即可完成安装。

步骤2:打开VS Code,可以看到此时为英文版界面,通过安装扩展插件可以转换为中文版,具体操作如下。

①单击左边栏中的第五个按钮(Extensions),在搜索框中输入"chinese",在下面的列表中找到"Chinese(Simplified)(简体中文)(Language Pack for Visual Studio Code)",并单击"Install"按钮,如图1-12所示。

图1-12 安装简体中文插件

②在中文插件安装完成之后,关闭VS Code,然后再重新打开,可以看到已经转换为中文版界面。

3. 配置VS Code

步骤1:实现快捷输入PHP开始标签"<?php"和结束标签"?>"。在VS Code界面中,依次单击"文件"→"首选项"→"配置代码片段"→"新建全局代码片段文件…",输入文件名"phpfst"后按回车键,在打开的命令行中删除全部代码,包括两个大括号,然后输入如下代码。

```
{
  "PHP":{
    "prefix":"php",
    "body": [
      "<?php\n$0\n?>",
    ],
    "description":"php"
  }
}
```

按 Ctrl+S 保存后，在编程页面输入 ph 或 php 并回车，系统将自动输入 <?php 和 ?>，且光标自动定位于这两个标签之间，如图 1-13 所示。

图1-13 快捷输入php标签效果图

步骤 2：修改 VS Code 主界面颜色主题。VS Code 默认颜色主题为黑色，如果想更改颜色主题可按如下步骤操作。在 VS Code 主界面中，依次单击左下角的小齿轮→"主题"→"颜色主题"，如图 1-14 所示，或者按快捷键 Ctrl+K+T，打开颜色主题列表，上下移动光标键选择喜欢的颜色主题，用鼠标单击即可完成颜色主题更换，如图 1-15 所示。

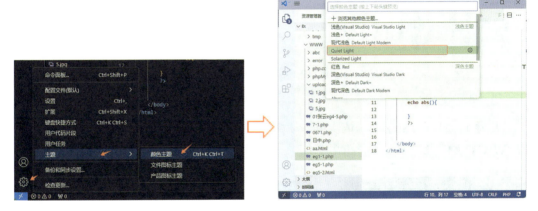

图1-14 打开颜色主题列表的操作步骤　　　　图1-15 选择喜欢的颜色主题

任务3　编写第一个PHP程序

任务分析

一切准备就绪之后，林林决定编写第一个 PHP 程序，通过该程序熟悉一下 PHP 程序开发的整个流程。由于目前林林对 PHP 编程语言基本一无所知，所以他通过查询相关资料了解了 PHP 程序的基本结构，学习了 PHP 最基本的输出语句 echo 和时间函数的使用方法，最后给自己定了任务：编写一个简单的 PHP 程序，先输出当前时间，然后输出自己的座右铭来提醒自己要珍惜时间，把握现在，努力拼搏。

任务实施

1. 检查运行环境

步骤1：启动 phpstudy_pro，在首页单击 Apache 套件右侧的"启动"按钮，开启 Apache 服务器，确保指示标志变为蓝色小三角。

步骤2：单击"网站"切换到网站页面，查看网站的域名、端口和物理路径，这里使用的是内置的默认网站，域名为 localhost，端口为 80，物理路径为 D:/phpstudy_pro/WWW，如图1-16所示。

图1-16　内置网站的信息

2. 编写代码

步骤1：打开 VS Code，依次单击"文件"→"打开文件夹"，选中 D:\phpstudy_pro\WWW 文件夹，单击"选择文件夹"，如图1-17所示。

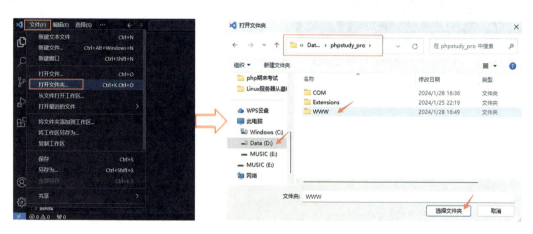

图1-17　在VS Code中打开D:\phpstudy_pro\WWW文件夹

步骤2：单击"WWW"使其前面的箭头朝下，再单击右侧的"新建文件夹"按钮，输入"项目01"后按回车，即可在"WWW"文件夹中创建"项目01"文件夹，如图1-18所示。

项目 1　开发第一个 PHP 程序——PHP 基本知识

图1-18　在"WWW"中创建"项目01"文件夹

步骤 3：单击"项目 01"使其前面的箭头朝下，然后单击"WWW"后面的"新建文件"按钮，输入文件名 first.php 后按回车键，进入 first.php 文件的编辑状态，如图 1-19 所示。

图1-19　创建first.php并进行代码编辑状态

步骤 4：输入如下代码后，按 Ctrl+S 保存文件。

```
1    <html>
2        <head>
3            <meta charset="UTF-8">
4            <title>第一个PHP程序</title>
5        </head>
```

17

```
 6      <body>
 7        <?php
 8          date_default_timezone_set("Asia/Shanghai");   //设置时区为亚洲/上海
 9          echo "<center>";                               //设置居中显示
10          echo "<font size='6'>现在的时间是：";            //输出字符串
11          echo "<b>".date("Y-m-d H:i:s",time())."</b>";  //以指定格式输出当前时间
12          echo "<br/><br/>";                             //两次换行
13          echo "珍惜当下，把握现在，才能拥有更美好的未来。</font>";
14          echo "</center>";
15        ?>
16      </body>
17    </html>
```

说明：PHP 代码需要嵌入到 HTML 代码内，<?php 和 ?> 是 PHP 代码段的标记符，echo 是 PHP 的输出语句，可以将字符串、变量、函数的值输出到页面上，输出的字符串可包含 HTML 标签。第 9、14 行中的 <center></center> 标签控制输出在页面上居中显示，第 10 行中的 <font size> 标签设置字体大小，第 11 行中的 <b></b> 标签设置字体为粗体，第 8—12 行尾部由双斜线（//）引导的文字为注释。

3. 运行结果

在浏览器中访问"localhost/ 项目 01/first.php"，运行结果如图 1-20 所示。

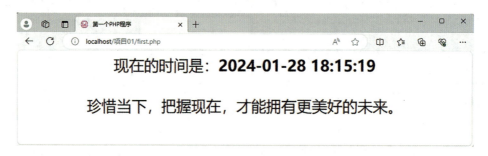

图1-20　程序first.php的运行结果

项目小结

为了开发第一个 PHP 程序，林林对 PHP 的相关知识进行了学习，对 PHP 的发展、特点、功能和应用领域有了一定的了解，同时了解了 PHP 的工作原理以及 PHP 程序开发涉及的各种软件，初步掌握了 PHP 开发环境的搭建过程和 VS Code 编辑器的基本操作，熟悉了 PHP 程序的开发流程。林林觉得收获很多，进步较大。为了便于巩固所学，林林做了一个思维导图对本项目知识点进行梳理，如图 1-21 所示。

项目 1　开发第一个 PHP 程序——PHP 基本知识

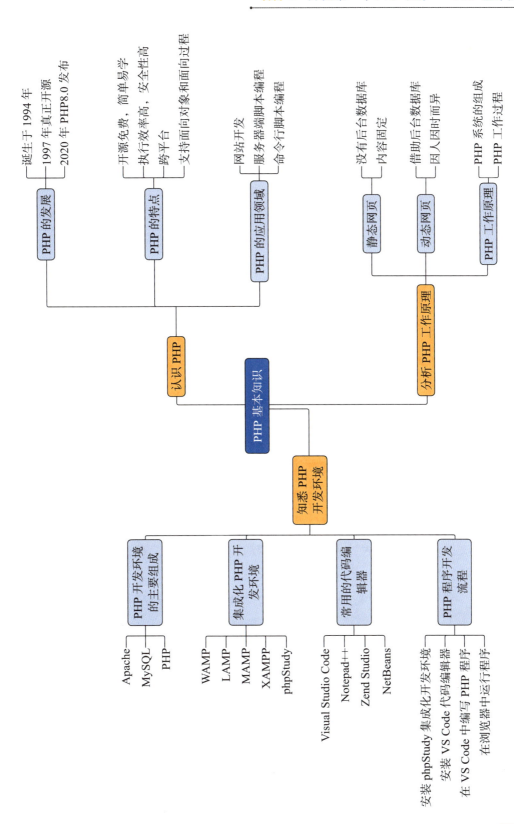

图1-21　项目1知识点思维导图

成长驿站

习近平总书记强调:"新时代是追梦者的时代,也是广大青少年成就梦想的时代。"

人生因梦想而闪耀,青春因拼搏而精彩。为了梦想全力以赴,为了热爱不懈坚持,不仅是对中华儿女拼搏精神的生动诠释,更是每一个年轻人的价值追求。

胸怀梦想又脚踏实地,敢想敢为又善作善成,青春定能展现最美的模样,成就更为精彩的人生。

项目实训

1. 实训要求

编写 PHP 程序,在 Web 页面中央输出文字,在浏览器中的显示效果如图 1-22 所示。

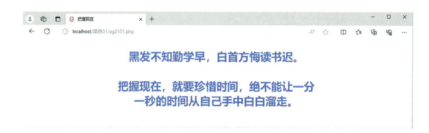

图 1-22　在浏览器中显示文字的效果

2. 实训步骤

步骤 1:下载并安装 phpStudy V8.1,打开 phpStudy,在首页启动 Apache 服务器。

步骤 2:下载并安装 VS Code 代码编辑器,配置快捷输入 PHP 标签,打开 D:\phpstudy_pro\WWW 文件夹,在 WWW 文件夹中创建"项目 01"文件夹,在"项目 01"文件夹中创建 eg0101.php 程序文件,按要求编写代码。

步骤 3:在浏览器中访问"localhost/ 项目 01/eg0101.php",查看显示结果是否符合要求。

项目习题

一、填空题

1. 浏览器向 Web 服务器发送页面请求时,无论是静态网页还是动态网页,该请求都要通过_____协议发送出去。

2. PHP 是实现_____网页的核心技术之一。

3. 静态网页代码在_____端执行,而动态网页代码在_____端执行。

4. PHP 系统由 _____、_____ 和 _____ 三部分组成。

5. 在 phpStudy V8.1 集成开发环境中，Apache 服务器内置网站的物理路径是 _____。

二、选择题

1. 以下关于 PHP 特点的描述中，正确的是（　　）

   A. 执行速度比 ASP 和 JSP 更快，但消耗系统资源较多

   B. 简单易学，但仅支持面向对象编程

   C. PHP 支持跨平台，但目前尚未支持 Mac 操作系统

   D. 用户可免费使用 PHP 进行程序开发

2. 以下选项中不属于静态网页设计中使用的核心技术的是（　　）

   A. JavaScript　　　　　　　　　　B. Visual Studio Code

   C. HTML　　　　　　　　　　　　D. CSS

3. 以下选项中不属于 PHP 常用集成化开发环境套件的是（　　）

   A. WAMP　　　　　　　　　　　B. CentOS

   C. MAMP　　　　　　　　　　　D. XAMPP

4. 实现动态网页设计的核心技术包括（　　）

   A. ASP、SSH 和 PHP　　　　　　　B. JSP、XML 和 PHP

   C. JavaScript、PHP 和 ASP　　　　 D. JSP、ASP 和 PHP

5. 下面关于静态网页和动态网页的描述中，错误的是（　　）

   A. 浏览器请求执行一个静态网页时，服务器先把页面文件执行完毕，然后将结果传递给浏览器显示

   B. 动态网页的运行过程通常会包含在服务器端的执行过程和在浏览器端的执行过程两个阶段

   C. 在动态网页中可以包含大量的静态代码

   D. 使用静态网页技术中的 JavaScript 可以实现浏览器端动态变化的时钟效果

项目 2

会员注册界面——网站设计基础

情景导入

林林在前一项目中学习了 PHP 的基本知识、开发软件的安装方法并实现了简单的程序开发。他对 PHP 的学习过程和内容进行了分析和整理，根据计划先学习网页设计相关知识，包括 HTML 基本标签、表单控件，以及 CSS。林林立即开始了项目 2 的学习之旅。

项目目标

1. 知识目标
- 了解 HTML 的基本标签和表单控件。
- 了解 CSS 相关知识。

2. 技能目标
- 能使用 HTML 语言进行网页基本框架的搭建。
- 能使用 CSS 语言控制网页外观。

3. 素养目标
- 培养认真细心的态度。
- 掌握并能够灵活应用知识点。

知识准备

2.1 认识HTML

网站由一系列网页文件通过超链接组成，也包含和网页相关的资源，如图片、动画、音频。网站是一系列逻辑上可以视为一个整体的网页及其相关资源的集合。HTML 不是一种计算机编程语言,而是一种网页描述性的标记语言,用于描述和绘制网页上的文字、图像、动画、声音、表格和超链接等内容。

2.1.1　HTML基本标签

网页本质上是一个页面文件,一般扩展名为 .html 或 .htm,但是在使用 VS Code 和 phpStudy 进行代码编写时,文件的扩展名为 .php。HTML 标签是由 < > 括起来的,HTML 文件内容要包含在 <html> 和 </html> 标签内,完整的 HTML 网页文件包括 <head> </head>(头部)和 <body> </body>(主体)两部分,其基本结构如图 2-1 所示。其中 <title></title> 中的内容为网页的标题,<?php 和 ?> 是 PHP 代码段的标记符,网页内容的代码写在代码段的标记符内。

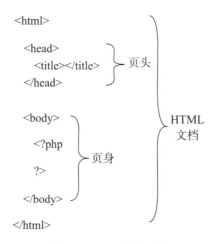

图2-1　HTML基本结构

1. 网页头部标签

head 标签 <head> 和 </head> 是页面的"头部",用于存放网页描述信息,包括网页标题、网页编码方式、网页关键词等。<title> </title> 标签用于设置网页的标题。浏览网页时,标题将显示在浏览器的标题栏上。<meta> </meta>(也可以写成单标签形式)标签用于设置网页编码方式,包括网页的类别和语言字符集。字符集可以有 UTF-8、GBK、GB2312 等。<meta> 标签主要用于解决网页乱码问题,网页的中文编码格式默认为 GB2312 和 GBK,这两种编码缺乏国际通用性;UTF-8 为国际标准编码,一般网页编码使用该编码方式。各个 Web 服务器使用的编码方式不同或者各种版本的浏览器对字符编码的处理方式不同,都会导致网页字符的显示结果不一样,从而出现网页乱码现象。解决办法是在网页中指定编码方式,即在网页的 <head> </head> 标签内部第一行加入 <meta> 标签,如:<meta charset="UTF-8">。

2. 网页主体标签

body 标签 <body> 和 </body> 是页面的"身体"，用于存放整个网页的各种标签控件和内容，在使用 VS Code 和 phpStudy 写代码时，需要在 body 标签中加入 <?php 和 ?>，<?php 和 ?> 是 PHP 代码段的标记符，网页内容的代码写在代码段的标记符内。<body> 标签的主要属性见表 2-1。

表2-1 body标签的主要属性

属性名称	属性代码	示例
背景颜色	bgcolor	<body bgcolor = "yellow">
背景图像	background	<body background = "图像地址">
背景音乐	bgsound	<body bgsound = "音乐地址">

案例 2-1：通过编写一个 HTML 网页，了解 HTML 的基本结构，学习 <head> </head> 标签，<body> </body> 标签和属性的设置。

步骤 1：在 VS Code 软件中的"WWW"文件夹中创建"项目 02"文件夹，在"项目 02"文件夹中，新建文件，命名为 eg0201.php，编写 HTML 网页的 <head> 和 <body> 标签，在相应标签中设置相关属性。在代码编辑区输入如下代码。

```
1   <html>
2     <head>
3       <meta charset="UTF-8">
4       <title>HTML基本标签</title>
5     </head>
6   <body bgcolor="red">
7     <?php
8       echo "这个页面的背景颜色是红色。";
9     ?>
10  </body>
11  </html>
```

步骤 2：保存文件后，在浏览器中访问"localhost/ 项目 02/eg0201.php"，运行结果如图 2-2 所示。

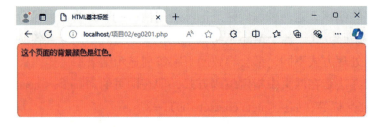

图2-2 程序eg0201.php运行结果

3. 常用文本标签

在 HTML 中，文本标签是网页中最基础的标记，用于优化网页中显示的文本内容，常用的文本标签有：<h*n*>（*n* 从 1 到 6）、<p>、
、<b> 等。HTML 常用文本标签及语义见表 2-2。

表2-2 常用文本标签

标签	语义	标签名称	标签	语义	标签名称
<h1>~<h6>	header	标题	<strong>	strong	加粗
<p>	paragraph	段落	<b>	bold	加粗
 	break	换行	<u>	underline	下划线
<hr/>	horizontal rule	水平线	<sup>	superscripted	上标
<div>	division	分割（块元素）	<sub>	subscripted	下标
<span>	span	区域（行内元素）	<i>	italic	斜体
<s>	strikethrough	删除线	<em>	emphasized	强调

案例 2-2：部分文本标签的使用方法和效果展示。

在 "项目 02" 文件夹中创建文件 "eg0202.php"，输入如下代码。

```
1   <html>
2     <head>
3       <meta charset="UTF-8">
4       <title>文本标签</title>
5     </head>
6   <body>
7     <?php
8     echo "<h1>一级标题</h1>";  //以一级标题的形式输出文字
9     echo "<p>这是关于段落标签的使用，<strong>这是加粗文字</strong></p>";
10    echo "<center>";   //设置居中显示
11    echo "<p>这是居中显示</p>";
12    echo "</center>";
13    echo "<hr/>";  //水平线标签
14    echo "<div>分区标签div的使用</div>";
15    echo "<i>斜体标签</i><br/><em>斜体标签</em>";
16    echo "<p>(a+b)<sup>2</sup>=a<sup>2</sup>+2ab+a<sup>2</sup></p>";
17    echo "<p><s>这是删除线标签</s></p>";
18    echo "<p><u>这是下划线标签</u></p>";
19    echo "<p>这是乘号：&times;</p>";
20    ?>
21  </body>
22  </html>
```

该案例在浏览器中的显示结果如图 2-3 所示。

图2-3　文本标签运行结果

4. 网页特殊符号

在网页制作过程中，有一些特殊的符号无法直接在页面中显示，因此在 HTML 中，如果我们要在网页中输入特殊字符，就必须要输入该特殊字符相对应的 HTML 代码。部分网页特殊符号见表 2-3。

表2-3　部分网页特殊符号

特殊符号	名称	代码	特殊符号	名称	代码
（空格）	空格		<	小于号	&lt;
"	双引号	&quot;	>	大于号	&gt;
'	左单引号	&lsquo;	&	与符号	&amp;
'	右单引号	&rsquo;	—	长破折号	&mdash;
×	乘号	&times;	|	竖线	&#124;
÷	除号	&divide;	¥	人民币	&yen;

案例 2-3：部分特殊符号的使用和效果展示。

在"项目 02"文件夹中创建文件"eg0203.php"，输入如下代码。

```
1    <html>
2        <head>
```

```
3          <meta charset="UTF-8">
4          <title>特殊符号</title>
5       </head>
6       <body>
7          <?php
8             echo "<p>这是空格：  空格</p>";
9             echo "<p>这是英文双引号：&quot;</p>";
10            echo "<p>这是与符号：&amp;</p>";
11            echo "<p>这是竖线：&#124;</p>";
12            echo "<p>这是小于号：&lt;</p>";
13         ?>
14      </body>
15   </html>
```

该案例在浏览器中的显示结果如图 2-4 所示。

图2-4　特殊符号运行效果

5. 列表标签

列表是网页中一种常用的数据排列方式，在 HTML 中，列表共有三种：有序列表、无序列表和定义列表。

（1）有序列表。有序列表的各个列表项是有顺序的，列表标签是 <ol> </ol>，在标签对中间的列表项是 <li> </li> 标签内容。因为有序列表的列表项有先后顺序，一般采用数字或者字母作为顺序的表示，默认状态下采用数字顺序。语法格式一般为：

```
<ol type=序号类型>
    <li>有序列表1</li>
    <li>有序列表2</li>
    <li>有序列表3</li>
</ol>
```

其中，<ol> 和 </ol> 标签分别表示有序列表的开始和结束，而其中的 <li> 和 </li> 标签表示这是其中的一个列表项，一对有序列表标签中可以有多个列表标签对。

可以通过 type 属性来更改有序列表的列表项序号。常用的 type 属性取值有以下几种：1、a、A、i、I 等，分别表示阿拉伯数字类型、小写英文字母类型、大写英文字母类型、小写罗马数字类型、大写罗马数字类型。

（2）无序列表。无序列表的列表标签是 <ul> </ul>，列表项是没有顺序标号的，一般使用列表项符号●。如果有其他要求，可以通过 type 属性来改变无序列表的列表项符号。语法格式一般为：

```
<ul type=circle>
    <li>无序列表1</li>
    <li>无序列表2</li>
    <li>无序列表3</li>
</ul>
```

其中，<ul> 和 </ul> 标签分别表示无序列表的开始和结束，而其中的 <li> 和 </li> 标签表示这是其中的一个列表项，一对无序列表标签中可以有多个列表标签对。可以通过 type 属性来更改无序列表的列表项符号，常用的 type 属性值有三种：disc、circle、square，分别表示实心圆●、空心圆○、实心正方形■。

（3）定义列表。定义列表由定义名称和定义描述两部分组成。定义列表使用 <dl> </dl> 标签表示，定义名称部分使用 <dt> </dt> 标签表示，定义描述部分使用 <dd> </dd> 表示。语法格式一般为：

```
<dl>
    <dt>定义名称1</dt>
        <dd>定义描述1</dd>
    <dt>定义名称2</dt>
        <dd>定义描述2</dd>
    <dt>定义名称3</dt>
        <dd>定义描述3</dd>
</dl>
```

案例 2-4：使用有序列表和无序列表，制作学校信息展示页面。

在"项目 02"文件夹中创建文件"eg0204.php"，在代码编辑区的 <body> 标签中，编写有序列表和无序列表代码，示例代码如下。

```
1    <html>
2        <head>
3            <meta charset="UTF-8">
4            <title>列表标签</title>
```

```
5       </head>
6       <body>
7         <?php
8           echo "郑州职业技术学院概况：<ol type=a>
9             <li>学校简介</li>
10            <li>现任领导</li>
11          </ol>";
12          echo "行政机构：<ul type=circle>
13            <li>人事处</li>
14            <li>教务处</li>
15          </ul>";
16          echo "二级学院介绍：<dl>
17            <dt>信息工程与大数据学院</dt>
18              <dd>主要有计算机网络技术专业、软件技术专业</dd>
19            <dt>自动化与物联网学院</dt>
20              <dd>主要有应用电子技术专业、电气自动化技术专业</dd>
21          </dl>";
22        ?>
23      </body>
24    </html>
```

该案例在浏览器中的显示结果如图 2-5 所示。

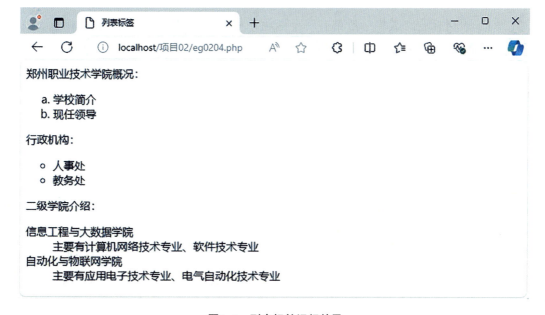

图2-5　列表标签运行效果

6. 表格标签

表格标签是 HTML 网页开发中的重要元素，表格标签的主要作用是用于显示和展示数据，还可以用于网页的布局和设计。表格是一种有效的数据展现形式，当数据量较大时，通过表格展示，数据更加清晰、易于阅读。表格标签在网页中用于创建和格式化表格，包括定义表格的行、列和单元格，以及设置表格的边框、对齐方式和标题等。每一个表格都由行和列组成，每一对 <table> </table> 标签标记着表格的开始和结束，<tr> </tr> 标签标记着行的开始和结束，<td> 和 </td> 标签代表单元格的开始和结束，在表格中有多少对 <tr> </tr> 就表示该表格为几行。表格的结构和编码语法如下。

```
<table>
    <tr>
        <td> 内容1 </td>
        <td> 内容2 </td>
        ...
    </tr>
    <tr>
        <td> 内容3 </td>
        <td> 内容4 </td>
    </tr>
    ...
</table>
```

（1）表格标题。表格一般都有一个标题，一个表格只能含有一个表格标题。表格的标题使用 caption 标签，表格的标题位于表格的第一行。

（2）表格结构标签。表格的结构标签有表头单元格标签 th（table header）、表头标签 thead（table head）、表身标签 tbody（table body）、表脚标签 tfoot（table foot）。表格最基本的三个标签是 <table>、<tr> 和 <td>，但是表格完整结构应该包括表格标题、表头、表身、表脚四部分，表格标签语义化以后，代码会更清晰，有利于后期维护，根据实际使用情况可以使用相应标签。

（3）表格标签 table 的属性设置。对 <table></table> 标签进行属性设置，包括表格宽度和高度、表格对齐方式、表格边框、单元格边距、表格背景颜色和表格背景图片等，相关属性和说明如表 2-4 所示，其中 cellpadding 指单元格内边距，即单元格框线与单元格内容的距离，cellspacing 指单元格间距，即单元格与单元格之间的距离。

表2-4 table标签的属性

属性名称	属性值	语义解释
border	1、2、3...	边框宽度设置
bgcolor	颜色名或颜色值	背景颜色
background	图片路径	背景图片
width	数值	宽度
height	数值	高度
align	left、right、center	对齐方式
cellpadding	数值	单元格内边距
cellspacing	数值	单元格间距

（4）单元格标签 td 的属性设置。指在使用 <td> </td> 时进行属性设置，比如单元格的宽度、高度、对齐方式、边框样式、背景颜色和图片等属性，属性名称和属性取值与 table 标签的相应属性相同。除此之外，单元格还可以进行行合并（rowspan）和列合并（colspan），相关属性及使用方法见表 2-5。

表2-5 td标签中的单元格合并

属性名称	属性值	语义说明	举例
rowspan	需要合并的行数	行合并，垂直方向合并单元格	<td rowspan = 3 >
colspan	需要合并的列数	列合并，水平方向合并单元格	<td colspan = 3 >

案例 2-5：制作学生成绩表，包含学生的班级、姓名、性别、成绩等信息，需要用到表格标题、表头、单元格合并和属性设置等语法。

在"项目 02"文件夹中创建文件"eg0205.php"，在代码编辑区的 <body></body> 标签中，编写表格标题、表头、单元格合并和属性设置的相关代码，示例代码如下。

```
1    <html>
2      <head>
3        <meta charset="UTF-8">
4        <title>表格标签</title>
5      </head>
6      <body>
7        <?php
8          echo "<table border=2 align=center bgcolor=yellow width=500 height=300>
9            <caption><h3>学生成绩表</h3></caption>
10           <thead>
11             <tr>
12               <td colspan=4 align=center bgcolor=red>《PHP开发基础》成绩表 </td>
13             </tr>
14             <tr>
```

```
15              <th> 班级 </th>
16              <th> 姓名 </th>
17              <th> 性别 </th>
18              <th> 成绩 </th>
19            </tr>
20          </thead>
21          <tbody>
22            <tr align=center>
23              <td rowspan = 2 bgcolor=green> 一班 </td>
24              <td> 张三 </td>
25              <td> 男 </td>
26              <td> 优秀 </td>
27            </tr>
28            <tr align=center>
29              <td> 李四 </td>
30              <td> 女 </td>
31              <td> 优秀 </td>
32            </tr>
33            <tr align=center>
34              <td rowspan = 2 bgcolor=green> 二班 </td>
35              <td> 王五 </td>
36              <td> 女 </td>
37              <td> 良好 </td>
38            </tr>
39            <tr align=center>
40              <td> 赵六 </td>
41              <td> 男 </td>
42              <td> 优秀 </td>
43            </tr>
44          </tbody>
45          <tfoot>
46            <tr>
47              <td colspan=4 align=center bgcolor=red> 两班平均成绩：优秀 </td>
48            </tr>
49          </tfoot>
50        </table>";
51      ?>
52    </body>
53  </html>
```

在浏览器中访问"localhost/ 项目 02/eg0205.php"，运行结果如图 2-6 所示。

项目 2　会员注册界面——网站设计基础

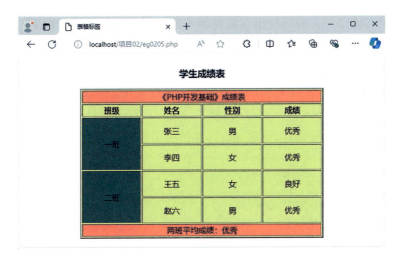

图2-6　表格标签运行效果

7. 图像标签

在网页中，很多时候会用到图片，图文并茂的网页会使用户获得更好的体验感，从而使网站获得更多的浏览量和流量。在 HTML 中，使用 <img>（即 image 图像）标签表示图像，可以通过设置 img 标签的属性来对图像显示效果进行控制，img 标签的常用属性见表 2-6，其中 src 和 alt 这两个属性是 img 标签最重要的属性。

表2-6　图像标签的常用属性

属性	说明	属性	说明
src	图像的保存地址	width	图像的宽度，默认单位是像素（px）
title	鼠标移动到图像上的提示文字	height	图像的高度，默认单位是像素（px）
alt	图像显示不出来时的提示文字	align	图像和文字的对齐方式，常用取值是top、bottom、left、right、middle（center）
border	图像的边框样式		

src（即 source 源文件）属性用于指定图像源文件所在的路径，这一路径可以是相对路径，也可以是绝对路径。

相对路径指在同一网站下，引用的图像和 PHP 文件之间的位置定位，相对路径的写法首先要分析当前网页位置和图像保存位置之间的关系，然后用一种方式把他们之间的相对关系表达出来，相对路径使用比较多。

绝对路径指图像的完整保存位置。在使用中，只要图像没有移动到别的地方，所有网页引用该图像的路径写法都是一样的。

比如图像文件 phpstudy.jpg 所在的文件夹 "images" 和网页代码 PHP 文件所在的文件夹 "项目 02" 在同一个文件夹 "WWW" 中时，相对路径为 "../images/phpstudy.jpg"；绝对路径为 "d:/phpstudy_pro/WWW/images/phpstudy.jpg"。

33

在使用绝对路径时，有可能出现编辑器不能把图像的路径解析出来的情况，造成的后果是图像不能在网页中显示出来，因此绝对路径使用比较少。

案例 2-6：<img> 图像标签属性在 HTML 中的使用。

在"phpstudy_pro"文件夹中的"WWW"文件夹中，新建一个文件夹，命名为"images"，把图像 phpstudy.jpg 保存在此文件夹中。在"项目 02"文件夹中创建文件"eg0206.php"，在代码编辑区设置 img 标签的相关属性，示例代码如下。

```
1   <html>
2     <head>
3       <meta charset="UTF-8">
4       <title>图像标签</title>
5     </head>
6     <body>
7       <?php
8         echo "相对路径：<img src=../images/社会主义核心价值观.jpg title=社会主义核心价值观 alt=图标1找不到 align=center width=288px height=162px>";
9         echo "<br/>";
10        echo "相对路径：<img src=../images/error.jpg title=php图标 alt=图标2找不到 align=bottom width=100px height=50px>";
11      ?>
12    </body>
13  </html>
```

按 Ctrl+S 保存文件后，在浏览器中访问"localhost/项目 02/eg0206.php"，运行结果如图 2-7 所示。

图2-7　图像标签属性的运行效果

通过代码和图 2-7 可以看到，当找不到图像 error.jpg 的时候，图像不能正常显示，这时出现 alt 属性的值"图片 2 找不到"，作为提示信息。

8. 超链接标签

超链接，英文名是 hyperlink，是网页中最常见的元素之一。大多数网站都是由多个网页组成，超链接能够让浏览者在各个网页之间进行跳转。可以将文档中的任何文字及任意位置的图片设置为超链接，只要点击一下它们，就会跳转到相应的页面。

超链接有两种链接方式：内部链接和外部链接。内部链接指的是超链接的连接对象是在同一个网站中的资源，可以是内部页面链接，也可以是锚点链接。外部链接指的是超链接的连接对象是外部网站。

超链接的标签是 <a> </a>，其中文字超链接的语法表示如下。

<a href = 链接地址>超链接文字</a>

在点击超链接打开网页时，默认情况下超链接在原来的浏览器窗口中打开，根据网页设计需求，可以使用 target 属性来控制新窗口的打开方式，其语法表示如下。

<a href = 链接地址 target = 目标窗口的打开方式>超链接文字</a>

a 标签的 target 属性有四种取值，如表 2-7 所示。

表2-7　a标签的target属性的取值

属性值	说明
_self	在当前窗口打开链接，默认方式
_blank	在一个全新的空白窗口中打开链接
_top	在顶级窗口打开，会忽略所有的框架结构
_parent	在当前框架的上一级窗口打开链接

一般情况下，常用到"_self"和"_blank"这两个属性值，在实际应用中要根据实际需求使用不同的 target 属性值。

除文字超链接外，还有一种常用的超链接，即图片超链接。在使用图片超链接时，需要把 <img> 标签及其属性设置代码放到 <a> </a> 标签对内部，其语法表示如下。

<a href = 链接地址 target = 目标窗口的打开方式><img src = 图片的相对地址 alt = 找不到图像时的替代文字></a>

案例 2-7：超链接标签的使用。练习 target 的不同属性值、文本超链接、图片超链接、内部链接、外部链接、邮箱超链接的使用方法。

在"项目 02"文件夹中，新建文件"eg0207.php"，在代码编辑区编写 a 标签的相关代码，示例代码如下。

```
1    <html>
2      <head>
3        <meta charset="UTF-8">
4        <title>超链接标签</title>
5      </head>
6      <body>
7        <?php
8            echo "外部图片链接：<a href=www.zzyedu.cn target=_blank><img src=images/校徽.jpg alt=图片1找不到 align=center></a>";
9            echo "<br/>";
10           echo "外部文字链接：<a href=www.zzyedu.cn target=_self>郑州职业技术学院</a><br/>";
11           echo "内部文字链接：<a href=eg0202.php target=_blank>打开eg0202页面</a><br/>";
12           echo "内部文字链接：<a href=index.html target=_blank>打开index页面</a><br/>";
13           echo "邮箱超链接：<a href=mailto:chaolianjieyouxiang@163.com>chaolianjieyouxiang@163.com</a><br/>";
14       ?>
15     </body>
16   </html>
```

在浏览器中访问"localhost/项目02/eg0207.php"，运行结果如图2-8所示。

图2-8　超链接标签的运行效果

9. 多媒体标签

在网页中，常见的多媒体文件包括音频文件和视频文件。

\<audio\> \</audio\> 标签常用来实现音频文件的插入。在使用 audio 标签时，controls 属性会在浏览器中显示播放器控件。\<source\> 标签定义了音频资源的路径和类型。如果浏览器不支持 audio 标签，它将显示 source 标签中的文本，在使用时需确保音频文件可以访问，并且路径正确。如果音频文件位于网络上或者在服务器上，确保提供正确的 URL（unified resource location，统一资源定位符）。其语法格式如下。

echo "\<audio controls\>\<source src=音频的路径 type=audio/mpeg\>提示文本\</audio\>\<br/\>";

或者

echo '\<audio controls\>\<source src="音频的路径" type="audio/mpeg"\>提示文本\</audio\>\<br/\>';

\<video\> \</video\> 标签常用来实现视频文件的插入。video 标签具有 width、height 属性，以及 controls 属性，使用 controls 属性可以添加播放器控件，如播放、暂停和音量控制。\<source\> 标签指定了视频文件的路径和类型。如果浏览器不支持 video 标签，它会显示 source 标签之间的文本。在使用时需确保视频文件可以访问，并且路径正确。如果视频文件位于网络上或者在服务器上，确保提供正确的 URL。其语法格式如下。

echo "\<video width=数值 height=数值 controls\>
　　\<source src=视频文件的路径 type=video/mp4\>不支持
　　\</video\>";
或者
echo '\<video width="数值" height="数值" controls\>
　　\<source src="视频文件的路径" type="video/mp4"\>不支持
　　\</video\>';

案例 2-8：通过在网页中插入音频、视频文件，来实现多媒体的播放效果。

在"项目 02"文件夹中，新建文件，命名为"eg0208.php"，在代码编辑区编写 audio 标签和 video 标签的相关代码，来实现在网页中插入音频和视频文件，示例代码如下。

```
1    <html>
2     <head>
3       <meta charset="UTF-8">
4       <title>多媒体标签</title>
5       <style>
6         #myAudio {width: 400px; /* 设置音频播放器的宽度为400像素 */}
7       </style>
8     </head>
9     <body>
10      <?php
11        echo "音频文件-我和我的祖国：<br/>";
12        echo '<audio id="myAudio" controls>
```

```
13              <source src="../images/我和我的祖国.mp3" type="audio/mpeg">不支持
14          </audio><br/>';
15      echo "音频文件-我的祖国： <br/>";
16       echo "<audio controls><source src=../images/我的祖国.mp3 type=audio/mpeg>不支持</audio><br/>";
17      echo "视频文件-红旗渠精神1： <br/>";
18      echo "<video width=320 height=180 controls>
19              <source src=../images/红旗渠精神.mp4 type=video/mp4>不支持
20              </video><br/>";
21      echo "视频文件-红旗渠精神2： <br/>";
22      echo '<video width="420" height="200" controls>
23              <source src="../images/红旗渠精神.mp4" type="video/mp4">不支持
24              </video>';
25      ?>
26  </body>
27  </html>
```

按 Ctrl+S 保存文件后，在浏览器中访问 localhost/ 项目 02/eg0208.php，运行结果如图 2-9 所示。

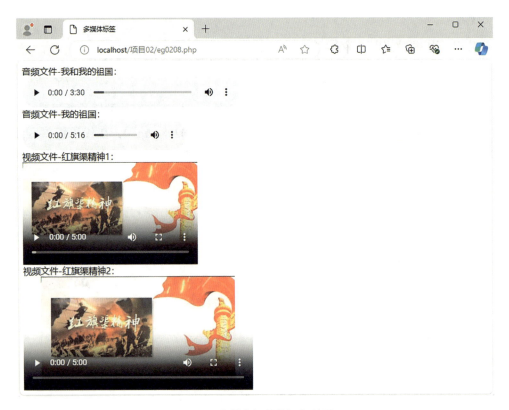

图2-9　多媒体标签的运行效果

在 PHP 中，audio 标签的宽度通常是通过 CSS 来设置的，而不是直接在 PHP 代码中设置。

10. 框架标签

在 PHP 中，iframe 标签用于在当前 HTML 页面中嵌入另一个 HTML 页面。iframe 标签是非常有用的，可以用来创建独立的小窗口，也可以用来嵌入其他网站的内容。其语法格式如下。

```
<iframe  src="嵌入的页面路径" frameborder="0或者1" width="数值" height="数值" scrolling="no或者auto"><p>打不开</p>
</iframe><br/>
```

案例 2-9：将 iframe 框架和表格、超链接配合使用，制作一个简单的网站主页。

在"项目 02"文件夹中，新建文件，命名为"eg0209.php"，在代码编辑区编写 iframe 框架代码、表格代码和超链接代码，在页面中先创建一个 3 行 1 列的表格，在表格第 2 行中编写一个 iframe 框架标签，并设置控件名称为"mainf"，同时设置框架的高度和宽度。然后在表格第 1 行中分别编写 3 个超链接标签，使用 3 种不同的超链接表示方式，分别指向不同的页面，这 3 个超链接标签的 target 属性值都设置为"mainf"，即这三个页面都将显示在第 2 行的 iframe 框架中，示例代码如下。

```
1   <html>
2     <head>
3       <meta charset="UTF-8">
4       <title>iframe框架</title>
5     </head>
6     <body>
7       <?php
8         echo "<table border=1 >
9           <tr>
10            <td>
11              <a href=eg0202.php target=mainf>示例</a>
12              <a href=index.html target=mainf>index文件</a>
13              <a href=https://www.xp.cn/phpstudy-v8/ target=mainf>phpStudy V8 使用手册</a>
14            </td>
15          </tr>
16          <tr>
17            <td>
18              <iframe name=mainf src=eg0201.php frameborder=1 scrolling=auto width=600 height=200>
```

```
19              </iframe>
20            </td>
21          </tr>
22          <tr>
23            <td>iframe框架的使用</td>
24          </tr>
25        </table>";
26      ?>
27    </body>
28 </html>
```

在浏览器中访问"localhost/ 项目 02/eg0209.php",运行结果如图 2-10 所示。

图2-10　iframe框架的运行效果

在本例中,直接在第二行中显示的是 eg0201.php 的效果,当点击上方的 3 个超链接时,会分别显示出不同的页面内容。

2.1.2　HTML表单

表单最重要的功能是在客户端收集用户的信息,然后将数据递交给服务器来处理。用户可以通过表单实现与服务器交互,如登录注册、评论交流、问卷调查等动作,可以说表单是我们接触动态网页的第一步。

1. 表单标签

创建表单就像创建一个表格,需要把各种表单控件标签放在 <form> </form> 标签内部,这里的表单控件,指的是文本框、按钮、下拉列表等,但是表单跟表格,是完全不一样的概念。

form 标签的属性:

◆ name,表单名称,用来对表单进行命名,表单名称中不能包含特殊字符和空格。

◆ action，提交地址，用于指定表单数据提交到哪个地址进行处理，这个地址可以是相对地址，也可以是绝对地址，还可以是一些其他形式的地址，比如邮箱地址。

◆ method，提交方式，其作用是告诉浏览器，指定将表单中的数据使用哪一种 HTTP 提交方法，取值为 get 或者 post，一般情况下，使用 post 方式比较多。

◆ target，打开方式，和超链接 a 标签的 target 属性一样，主要用来指定需要打开的目标窗口的打开方式，属性值有四种，_self、_blank、_parent 和 _top，一般情况下，使用 _self 和 _blank 两种方式。

2. 表单控件

input 标签用于收集用户输入的信息，编写在 <form> </form> 标签中。根据不同的 type 属性，input 可以有多种形式，常见的有文本框、密码框、普通按钮、隐藏域、文件域、提交按钮、重置按钮、单选按钮、复选框、多行文本框和下拉列表框等。它们是使用 <input> 标签并通过 type 的不同取值来区分的，其语法如下：

<input type="表单类型" name="控件名称" value ="默认值"/>。

<input> 表单控件标签及属性值见表 2-8。

表2-8　input表单控件标签及属性

表单类型	控件说明	控件属性
text	单行文本框	value（文本框内的文字）、size（文本框的长度）、maxlength（最多可以输入的字符数）
password	密码文本框	value（文本框内的文字）、size（文本框的长度）、maxlength（最多可以输入的字符数）
button	按钮	value的取值是显示在按钮上的文字，默认不产生操作，一般使用onclick配合JavaScript脚本程序来进行表单的实现
submit	提交按钮	具有特殊功能的普通按钮，作用是把表单内容提交给后台服务器处理，value的取值就是显示在按钮上的文字
reset	重置按钮	具有特殊功能的普通按钮，单击时可以清除用户在页面表单中输入的信息，value的取值就是显示在按钮上的文字
image	图像形式按钮	图片域image既拥有按钮的特点，也拥有图像的特点，使用src属性设置图片的路径，使用时参考img标签对图片路径的引用
radio	单选按钮	必有：name（单选按钮所在的组名，同一问题的多个选项使用同一个组名）、value（单选按钮的取值，多个选项取值不同）
checkbox	复选框	可以从选项列表中选择一项或者多项，复选框没有文本，需要加入label标签，label标签的for属性指向复选框的id
hidden	隐藏字段	在浏览预览效果时，隐藏字段表单没有显示，可以设置value值
file	文件上传	使用时，需要在 form 标签中设置编码方式 enctype 属性值为 "multipart/form-data"

3. 多行文本框

多行文本框使用的是 <textarea> </textarea> 标签，用于输入大量的文本信息，语法格式如下。

<textarea rows="行数" cols="列数" wrap="换行方式">多行文本框内容 </textarea>

换行方式有三个取值，off（不自动换行）、virtual（自动换行，没有换行符号）、phisical（自动换行，有换行符号）。

4. 下拉列表框

<select> </select> 为下拉列表框控件标签，需要与 option 标签配合使用，下拉选项采用 <option> </option> 标签。

语法格式如下。

```
<select multiple="multiple" size="可见列表项的数量">
   <option value="选项值" selected="selected">选项显示的内容</option>
   ...
   <option value="选项值">选项显示的内容</option>
</select>
```

案例 2-10：使用表单中的相关标签及其属性，制作一个会员注册登录页面。

在"项目 02"文件夹中，新建文件，命名为"eg0210.php"，在代码编辑区编写表单中的相关标签及其属性，示例代码如下。

```
1    <html>
2      <head>
3        <meta charset="UTF-8">
4        <title>表单标签</title>
5      </head>
6      <body>
7        <?php
8          echo '<form action="" method="post">
9            <table cellspacing="0" cellpadding="0">
10             <tr>
11               <td colspan="2" class="td_top" align="center">会员注册</td>
12             </tr>
13             <tr> <td > 用户名</td>
14               <td > <input type="text" name="txt_username" class="txt1"/> </td>
15             </tr>
16             <tr> <td > 密码</td>
```

```
17             <td > <input type="password" name="txt_pwd"  class="txt1"/> </td>
18          </tr>
19          <tr> <td > 确认密码</td>
20             <td > <input type="password" name="txt_pwd"  class="txt1"/> </td>
21          </tr>
22          <tr> <td > 性别</td>
23             <td ><input type="radio" name="sex" value="man"/>男
24                 <input type="radio" name="sex" value="woman"/>女
25                 <input type="radio" name="sex" value="scurity"/>保密 </td>
26          </tr>
27          <tr>
28             <td colspan="2" align="center">
29                <textarea rows="4" cols="35">
30                   欢迎阅读会员注册协议
31                   本协议的条款和条件适用于使用本网站的所有会员。
32                </textarea>
33             </td>
34          </tr>
35          <tr>
36             <td colspan="2" align="center">
37                <input type="reset" name="btn_reset" class="btn_1" value="重置" />
38                <input type="submit" name="btn_submit" class="btn_1" value="注册" />
39             </td>
40          </tr>
41       </table>
42     </form>';
43   ?>
44   </body>
45 </html>
```

在浏览器中访问"localhost/项目 02/eg0210.php",运行结果如图 2-11 所示。

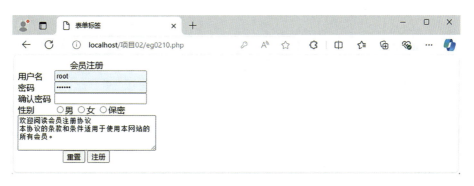

图2-11 表单标签运行效果

2.2　CSS入门知识

在任务 2.1 中，使用 HTML 进行了网站框架的搭建，想要获得更加美观的网站效果，还需要使用 CSS 来控制网页的外观。

CSS 即 "cascading style sheet"，称为串联样式表，简称为 "样式表"，主要用于设置和管理网页各个标签控件的外观和样式，使得网页更为美观。在 CSS 样式中，如果需要注释，其语法是：/* 注释的内容 */。

2.2.1　CSS的引用方式

在 HTML 中，引用 CSS 时，共有三种引用方式，分别是内部样式表、内联样式表和外部样式表。

1. 内部样式表

内部样式表是把样式代码写在 HTML 的 <head> </head> 头部信息中的 <style> </style> 标签对内。内部样式表可以实现内容和样式的分离，只对样式代码所在的网页有效，当同一页面中有多个标签需要使用相同的样式时，只定义一次样式，即可重复调用，实现相同效果。其语法格式如下。

<style type="text/css">样式</style>

案例 2-11：实现内部样式表的使用。

在 "项目 02" 文件夹中，新建文件，命名为 "eg0211.php"，输入如下代码。

```
1   <html>
2     <head>
3       <meta charset="UTF-8">
4       <title>内部样式表</title>
5       <style type="text/css">
6         p{color:red;font-style:italic}
7       </style>
8     </head>
9     <body>
10      <?php
11        echo '<h1>一级标题</h1>
12          <p>这是正文部分</p>';
13      ?>
14    </body>
15  </html>
```

在浏览器中访问"localhost/ 项目 02/eg0211.php",运行结果如图 2-12 所示。

图2-12　内部样式表运行效果

2. 内联样式表

内联样式表,也称为行内样式表,HTML 代码和 CSS 代码放在同一个文件中,不同的是,内联样式表将样式写在 HTML 标签的 style 属性内,而不是 <style> </style> 标签对内。语法格式是如下

<标签名 style="属性名1:属性值1;属性名2:属性值2;...">...</标签名>

这种引用方式,把页面内容和样式放在一起,当同一页面中不同位置使用相同效果时,需要重复编写代码,容易造成代码的冗余。

案例 2-12:实现内联样式表的使用。

在"项目 02"文件夹中,新建文件,命名为"eg0212.php",在代码编辑区编写代码,使用内联样式表设置 p 标签对应文本的样式为红色倾斜字体,示例代码如下。

```
1    <html>
2      <head>
3        <meta charset="UTF-8">
4        <title>内联样式表</title>
5      </head>
6      <body>
7        <?php
8          echo '<h1>一级标题</h1>
9            <p style="color:red;font-style:italic">这是正文部分</p>';
10       ?>
11     </body>
12   </html>
```

在浏览器中访问"localhost/ 项目 02/eg0212.php",运行结果如图 2-13 所示。

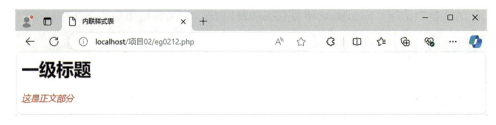

图2-13 内联样式表运行效果

3. 外部样式表

外部样式表是指把 CSS 代码和 HTML 代码单独放在不同的文件中，单独编写 CSS 代码所使用的文件（样式表）的后缀名为 .css，然后在 HTML 文档中使用 link 标签来引用 CSS 样式表。

案例 2-13：实现外部样式表的使用。

在"项目 02"文件夹中，新建样式文件，命名为"eg0213style.css"，在代码编辑区编写样式代码，再新建文件，命名为"eg0213.php"，在代码编辑区编写代码，使用外部样式表，示例代码如下。

样式表 eg0213style.css 中的样式代码：

```
1    p{color:red;font-style:italic}
```

文件 eg0213.php 中的 HTML 代码：

```
1    <html>
2      <head>
3        <meta charset="UTF-8">
4        <title>外部样式表</title>
5        <link href="eg0213style.css" rel="stylesheet" type="text/css"/>
6      </head>
7      <body>
8        <?php
9          echo '<h1>一级标题</h1>
10            <p>这是正文部分</p>';
11        ?>
12      </body>
13   </html>
```

在浏览器中访问"localhost/ 项目 02/eg0213.php"，运行效果如图 2-14 所示。

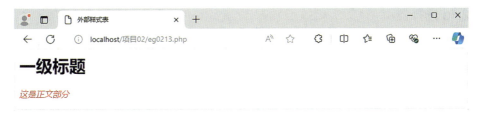

图2-14 外部样式表运行效果

在这三个示例中,分别使用内部样式表、内联样式表和外部样式表实现了相同的页面效果。在实际开发中,当样式需要被多个页面引用时,使用外部样式表比较多。

2.2.2 CSS选择器

使用CSS进行样式设置时,由CSS选择器、样式属性和属性值组成,其语法格式如下。

```
选择器名称
{   样式属性1:属性值1;
    样式属性2:属性值2;
    ...
}
```

当使用CSS对HTML页面中的元素实现一对一、一对多或者多对一的控制时,需要用到CSS选择器。HTML页面中的元素就是通过CSS选择器进行控制的。选择器指明了{ }中的样式的作用对象,也就是样式作用于网页中的哪些元素,在控制时,需要使用HTML中的标签名称作为选择符,页面范围内的所有使用同一标签的部分会进行同样的样式设置。

在本书中介绍的选择器有6种,分别是元素选择器、id选择器、class选择器、子元素选择器、相邻选择器和群组选择器。

1. 元素选择器

元素选择器也称为标签选择器,即使用HTML中的标签名作为选择器,在页面中的所有同类标签中的内容都进行相同的样式设置。如2.2.1中,在进行样式引用方式介绍时使用的3个例子,都是使用的元素选择器,对p标签中的内容进行样式设置。其语法格式如下。

```
标签名
{   样式属性1:属性值1;
    样式属性2:属性值2;
    ...
}
```

2. id 选择器

id 和 class 是 HTML 元素中两个最基本的公共属性。在 HTML 中可以通过元素的 id 属性来表示页面元素的唯一身份，也就是在同一个 HTML 页面中，不允许出现两个相同的 id 名称。在进行 CSS 样式设置时，在 id 名称前面加上"#"，作为选择器名称，那么在页面中，对应于这一 id 名称部分的内容，才会使用该样式。其语法格式如下。

在 style 标签部分或者 .css 文件中进行样式定义：

#id名称
{样式属性1:属性值1;样式属性2:属性值2;...}

在 body 标签部分进行样式引用：

<标签名称 id="id名称">显示内容</标签名称>

3. class 选择器

class 表示类，在使用时，为同一个页面中的相同元素或者不同元素设置相同的 class 名称。class 选择器，即选择共同拥有这个 class 名称的元素部分，进行 CSS 样式设置。class 名称前面必须加上"."（英文点号），表示这是 class 选择器。其语法格式如下。

在 style 标签部分或者 .css 文件中进行样式定义：

.class名称
{样式属性1:属性值1;样式属性2:属性值2;...}

在 body 标签部分进行样式引用：

<标签名称 class="class名称">显示内容</标签名称>

4. 子元素选择器

子元素选择器，用于选中某个或者某一类元素下的子元素，对其进行 CSS 样式设置。在使用时，父元素和子元素之间必须用空格隔开。其语法格式如下。

在 style 标签部分或者 .css 文件中进行样式定义：

#father1 div{color:yellow;} 表示选择id为father1的元素下的所有div元素
#father2 p{color:green;} 表示选择id为father2的元素下的所有p元素

在 body 标签部分进行样式引用：

```
<div id="father1">
   <div>子元素选择器1</div>
 <p>子元素选择器2</p>
<div id="father2">
```

```
    <div>子元素选择器3</div>
    <p>子元素选择器4</p>
```

5. 相邻选择器

相邻选择器，用于选中该元素的下一个兄弟元素，两个元素之间是同级关系。

在 style 标签部分或者 .css 文件中进行样式定义的语法格式如下：

元素A的名称+元素A的相邻兄弟元素的名称
{　样式属性1:属性值1;样式属性2:属性值2;……}

6. 群组选择器

群组选择器，用于同时对多个选择器进行相同的操作，两个选择器之间必须用","（英文逗号）隔开。

在 style 标签部分或者 .css 文件中进行样式定义的语法格式如下：

选择器1,选择器2,...
{　样式属性1:属性值1;样式属性2:属性值2;...}

案例 2-14：实现部分选择器的使用。

在"项目 02"文件夹中，新建文件，命名为"eg0214.php"，本例中使用内部样式表来实现，在代码编辑区编写选择器和样式代码，设置相关样式，在 body 文件部分对 HTML 页面进行代码编写和样式引用，示例代码如下。

```
1    <html>
2      <head>
3        <meta charset="UTF-8">
4        <title>CSS选择器</title>
5        <style type="text/css">
6          p{color:red;font-style:italic}
7          #lianxi{color:blue;}
8          .lei{color:green;}
9          #father1 div{color:blue;font-family:"黑体";}
10         #father2 #p1{color:red;font-size:24px;}
11         #lin+div{color:pink;}
12         h3,p{color:blue;background:pink;text-align:center;}
13        </style>
14     </head>
15     <body>
16       <?php
17         echo '<h3>CSS选择器</h3>
18           <p>这是元素选择器的使用</p>
```

```
19          <div id="lianxi">这是id选择器的使用</div>
20          <p class="lei">这是class选择器的使用</p>
21          <span class="lei">这是class选择器的使用</span>
22          <div id="father1">
23             <div>子元素选择器的使用,父元素为father1,子元素为div</div>
24             <p>子元素选择器的使用,父元素为father2,子元素为p</p>
25          </div>
26          <div id="father2">
27             <p id="p1">子元素选择器的使用,父元素为father2,子元素为p标签中,id为p1的部分</p>
28             <p id="p2">子元素选择器的使用,父元素为father2,子元素为p标签中,id为p2的部分</p>
29             <span>子元素选择器的使用,父元素为father2,子元素为span</span>
30          </div>
31          <div id="lin">
32             <p>相邻元素选择器</p>
33          </div>
34          <div>与id值为lin相邻的元素</div>
35          <div>与id值为lin不相邻的元素</div>';
36       ?>
37     </body>
38  </html>
```

在浏览器中访问"localhost/ 项目 02/eg0214.php",运行效果如图 2-15 所示。

图2-15　选择器运行效果

可以看到，当元素的设置样式有冲突时，会以最后一次的设置效果为最终效果，比如 p 标签中的文字"这是元素选择器的使用"，使用 p 标签设置时设置的文字颜色为红色，但是后面使用群组选择器时，设置的文字颜色为蓝色，因此最终会以蓝色显示。不同的选择器在进行设置时，也会进行样式的补充，比如在前面的选择器样式设置时，没有设置背景色和居中效果，但是在最后的群组选择器中设置了背景色为粉色，文字效果是居中，在最后显示时除了会按照前面的选择器设置样式，还会对相应的部分进行背景色和居中设置，因此在使用的时候要注意各个选择器的样式设置是否有冲突，根据需要达到的效果，来使用不同的选择器。

2.2.3 CSS 属性和属性值

通过对 CSS 属性和属性值的设置，可以实现各种页面样式效果。常用的属性有字体样式、文本样式、边框样式、背景样式、超链接样式、图片样式、列表样式、表格样式、CSS 盒子模型、浮动布局、定位布局等。

1. 字体样式

在网页开发中，使用比较多的是页面的字体样式，即文字的字体、大小、颜色等。

2. 文本样式

在网页开发中，文本样式主要涉及多个文字的排版效果，或整个段落的排版效果，注重整体。

3. 边框样式

在网页中，经常用到边框，块元素和行内元素都可以设置边框属性。在定义时，必须同时设置边框的宽度、边框的外观和边框的颜色三个属性。

4. 背景样式

背景样式设置主要包括背景颜色设置和背景图像设置。

5. 超链接样式

在页面中，超链接在鼠标点击的不同时期的样式不同。

6. 图片样式

在页面中，可以对图片大小、边框等进行设置。

7. 列表样式

在 CSS 中，不管是有序列表还是无序列表，统一使用 list-style-type 属性来定义列表项符号。

51

8. 表格样式

设置表格标题的位置、单元格边界之间的距离。

9. 盒子模型

在 CSS 中，可以把页面中所有的元素看成一个盒子，一个页面由多个盒子组成，这些盒子之间会互相影响，我们需要理解单独一个盒子的内部结构，也需要理解多个盒子之间的相互关系。

10. 布局

在 CSS 中，有时需要对页面效果进行布局。正常文档流是指按照所写的界面的顺序展示网页。脱离文档流是指页面中所显示的位置和文档代码顺序不一致，可以使用浮动布局或者定位布局来实现脱离文档流，从而控制页面布局。

案例 2-15：实现 CSS 样式的设置。

在"项目 02"文件夹中，新建文件，命名为"eg0215.php"，本例中使用外部样式表来实现，需新建 .css 文件，命名为"eg0215style.css"，编写代码。

①在 eg0215style.css 文件中进行样式设置，示例代码如下。

```
1   #div1{margin-bottom: 10px;
2      width: 500px;  height: 200px;  padding: 24px;
3      font-size:12px;   line-height: 20px;
4      border: 20px ridge rgba(242, 238, 8, 0.6);
5      text-indent: 3em;
6      background-color: aquamarine;}
7   #div2{margin-top:10px;
8      width: 500px;  height: 200px;  padding: 24px;
9      font-size:12px;
10     line-height: 20px;
11     border: 20px ridge rgba(239, 10, 139, 0.6);
12     text-indent: 2em;
13     background-image: url("/images/nian1.png"); }
14  p{margin:0;padding: 0;}
15  h3,h4{
16     text-align: center;
17  }
```

②在 eg0215.php 文件中编写 HTML 页面代码，并进行样式引用，示例代码如下。

```
1   <html>
2     <head>
3       <meta charset="UTF-8">
```

```
4        <title>CSS属性</title>
5        <link href="eg0215style.css" rel="stylesheet" type="text/css" />
6      </head>
7      <body>
8        <?php
9          echo '<div id="div1">
10             <h3>念奴娇·赤壁怀古</h3>
11             <h4>宋·苏轼</h4>
12             <p>大江东去，浪淘尽，千古风流人物。故垒西边，人道是，三国周郎赤壁。</p>
13             <p>乱石穿空，惊涛拍岸，卷起千堆雪。江山如画，一时多少豪杰。</p>
14             <p>遥想公瑾当年，小乔初嫁了（liǎo），雄姿英（yīng）发。羽扇纶（guān）巾，谈笑间，樯橹灰飞烟灭。</p>
15             <p>故国神游，多情应笑我，早生华（huā）发。人生如梦，一尊还酹（lèi）江月。</p>
16             </div>
17             <div id="div2">
18             <h3>译文</h3>
19             <p>大江之水滚滚不断向东流去，淘尽了千百年来多少英雄人物。
20             那旧日营垒的西边，人们说是，三国时期周瑜大破曹军的赤壁。
21             陡峭的石壁直耸云天，如雷的波涛拍击着江岸，激起的浪花好似卷起千万堆白雪。
22             雄壮的江山奇丽如图画，一时间涌现出多少英雄豪杰。
23             遥想当年的周瑜春风得意，绝代佳人小乔刚嫁给他，他英姿奋发豪气满怀。
24             手摇羽扇，头戴纶巾，从容潇洒地在说笑闲谈之间，就把强敌的战船烧得灰飞烟灭。
25             我今日身临古战场神游往昔，可笑我多愁善感，过早地生出满头白发。
26             人生犹如一场梦，举起酒杯奠祭这江中的明月。
27             </p>
28             </div>';
29        ?>
30      </body>
31    </html>
```

在浏览器中访问 localhost/ 项目 02/eg0215.php，运行效果如图 2-16 所示。

图2-16　CSS属性运行效果

项目实践

任务1　注册页面的设计

任务分析

将表格和表单相结合,设计制作一个会员注册页面,如图 2-17 所示。

项目 2　会员注册界面——网站设计基础

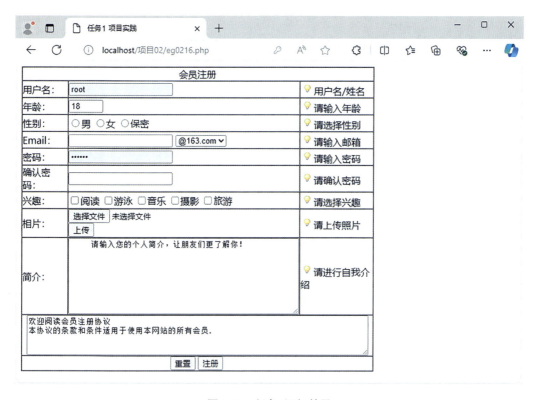

图2-17　任务1运行效果

任务实施

（1）分析图片中表格的构成，可以看出每行由 3 个单元格构成，第一行和最后两行的单元格进行了合并。

（2）分析需要用到的表单控件，包括：文本框、普通按钮、单选按钮、多选按钮、下拉列表框、密码框、多行文本框等。

（3）编写代码，在"项目 02"文件夹中，新建文件，命名为"eg0216.php"，示例代码如下。

```
1    <html>
2      <head>
3        <meta charset="UTF-8">
4        <title>任务1项目实践</title>
5      </head>
6      <body>
7        <?php
8          echo ' <form action="" method="post">
9            <table border="1" width="600px" cellspacing="0" cellpadding="0">
```

```html
10        <tr>
11            <td colspan="3" align="center">会员注册</td>
12        </tr>
13        <tr>
14            <td> 用户名： </td>
15            <td> <input type="text" name="txt_username" /> </td>
16            <td><img src="../images/reg2.gif" />用户名/姓名</td>
17        </tr>
18        <tr>
19            <td> 年龄： </td>
20            <td> <input type="text" value="18" size="3" maxlength="3" /> </td>
21            <td><img src="../images/reg2.gif" />请输入年龄</td>
22        </tr>
23        <tr>
24            <td> 性别： </td>
25            <td>
26              <input type="radio" name="sex" value="man"/>男
27              <input type="radio" name="sex" value="woman"/>女
28              <input type="radio" name="sex" value="scurity"/>保密
29            <td><img src="../images/reg2.gif" />请选择性别</td>
30            </td>
31        </tr>
32
33        <tr>
34            <td> Email： </td>
35            <td> <input type="text" name="txt_email" />
36              <select name="email">
37                <option value="@163.com">@163.com</option>
38                <option value="@126.com">@126.com</option>
39                <option value="@qq.com">@qq.com</option>
40              </select>
41            </td>
42            <td><img src="../images/reg2.gif" />请输入邮箱</td>
43        </tr>
44        <tr>
45            <td> 密码： </td>
46            <td> <input type="password" name="txt_pwd" /> </td>
47            <td><img src="../images/reg2.gif" />请输入密码</td>
48        </tr>
49        <tr>
50            <td> 确认密码： </td>
```

```
51            <td> <input type="password" name="txt_pwd" /> </td>
52            <td><img src="../images/reg2.gif" />请确认密码</td>
53         </tr>
54         <tr>
55            <td> 兴趣： </td>
56            <td>
57               <input type="checkbox" name="favorites" value="read"/>阅读
58               <input type="checkbox" name="favorites" value="swing"/>游泳
59               <input type="checkbox" name="favorites" value="muisc"/>音乐
60               <input type="checkbox" name="favorites" value="computer"/>摄影
61               <input type="checkbox" name="favorites" value="map"/>旅游
62               <td><img src="../images/reg2.gif" />请选择兴趣</td>
63            </td>
64         </tr>
65         <tr>
66            <td> 相片： </td>
67            <td>
68               <input type="file" name="file_image"/><br/>
69               <input type="submit" name="btn_image" value="上传" />
70               <td><img src="../images/reg2.gif" />请上传照片</td>
71            </td>
72         </tr>
73         <tr>
74            <td> 简介： </td>
75            <td>
76               <textarea cols="53" rows="8" name="txt_intro">
77                  请输入您的个人简介，让朋友们更了解你！
78               </textarea>
79               <td><img src="../images/reg2.gif" />请进行自我介绍</td>
80            </td>
81         </tr>
82
83         <tr>
84            <td colspan="3" align="center">
85               <textarea rows="4" cols="80">
86                  欢迎阅读会员注册协议
87                  本协议的条款和条件适用于使用本网站的所有会员.
88               </textarea>
89            </td>
90         </tr>
91         <tr>
```

```
92                <td colspan="3" align="center">
93                    <input type="reset" name="btn_reset" value="重置" />
94                    <input type="submit" name="btn_submit" value="注册" />
95                </td>
96            </tr>
97        </table>
98    </form>';
99    ?>
100   </body>
101   </html>
```

在浏览器中访问"localhost/ 项目 02/eg0216.php",运行效果如图 2-17 所示。

任务2 使用CSS样式设置

任务分析

对任务 1 中的注册页面进行样式设置,使其能够达到图 2-18 的效果。

任务实施

(1)分析表格在任务 1 的基础上添加的样式设置,确认每个单元格的具体样式。

(2)在"项目 02"文件夹中,新建样式文件,命名为"eg0217style.css",在样式文件中设置相应的选择器及其属性,比如字体设置、颜色设置、背景图像的设置、margin 值的设定等。

```
1    .bodycss { margin-top:0; margin-left:0; text-align: center }
2    .tablecss
3    {
4        background-image:url("/images0217/td_bg2.gif");
5        width:533px;
6        border-width:0px;
7        font-size:12px;
8    }
9    .td_top
10   {
11       background-image:url("/images0217/td_bg1.gif");
12       height:59px;
13       padding:10px 0px 0px 20px;
```

```css
14      font-size:16px;
15      color: #088df1;
16      font-weight:bold;
17    }
18  .td_bottom
19    {
20      background-image:url("/images0217/td_bg3.gif");
21      height:24px;
22    }
23  .td_center1
24    {
25      width:120px;
26      text-align:right;
27      padding-right:4px;
28      height:35px;
29    }
30  .td_center2
31    {
32      width:240px;
33      text-align:left;
34  
35    }
36  .td_center3
37    {
38      width:173px;
39      text-align:left;
40    }
41  .txt1
42    {
43      width:180px;
44      height:25px;
45      border-width:1px;
46      border-style:solid;
47      border-color:#aadafe;
48      background-color:#ebf8ff;
49    }
50  .txt2
51    {
52      margin-top: 10px;
53      border-width:1px;
54      border-style:solid;
```

```
55      border-color:#aadafe;
56      background-color:#ebf8ff;
57  }
58  .span1
59  {
60      width:143px;
61      height:25px;
62      border-width:1px;
63      border-style:solid;
64      border-color:#e3e3e3;
65      vertical-align:top;
66  }
67  .span2
68  {
69      border: solid 1px #e3e3e3;
70      vertical-align: middle;
71      width: 180px;
72      background-color:#fbf9fa;
73  }
74  .span3
75  {
76      border: solid 1px #e3e3e3;
77      vertical-align: middle;
78      width: 180px;
79      color:Red;
80      background-color:#fbf9fa;
81  }
82  .img1
83  {
84      vertical-align:middle;
85  }
86  .btn_1
87  { margin-top: 10px;
88      background-image:url("/images0217/btn1.gif");
89      width:82px;
90  height:37px;
91      border-width:0px;
92      font-size:12px;
93      font-weight:bold;
94      color:#1f8f00;
95      cursor:pointer;96     }
```

（3）在"项目02"文件夹中，新建文件，命名为"eg0217.php"，根据分析结果编写代码，示例代码如下。

```
1    <html>
2      <head>
3        <meta charset="UTF-8">
4        <title>任务二项目实践</title>
5        <link href="eg0217style.css" rel="stylesheet" type="text/css"/>
6      </head>
7      <body class="bodycss">
8        <?php
9          echo ' <form action="" method="post">
10           <table class="tablecss" cellspacing="0" cellpadding="0">
11             <tr>
12               <td colspan="3" class="td_top" align="center">会员注册</td>
13             </tr>
14             <tr>
15               <td class="td_center1"> 用户名： </td>
16                <td class="td_center2"> <input type="text" name="txt_username" class="txt1"/> </td>
17                <td class="td_center3"><div class="span1"><img src="../images/reg2.gif" class="img1" />用户名/姓名</div></td>
18             </tr>
19             <tr>
20               <td class="td_center1"> 年龄： </td>
21                 <td class="td_center2"> <input type="text" value="18" size="3" maxlength="3" class="txt1" /> </td>
22                 <td class="td_center3"> <div class="span1"><img src="../images/reg2.gif" class="img1"/>请输入年龄</div></td>
23             </tr>
24             tr>
25               <td class="td_center1"> 性别： </td>
26               <td class="td_center2">
27                  <input type="radio" name="sex" value="man"/>男
28                  <input type="radio" name="sex" value="woman"/>女
29                  <input type="radio" name="sex" value="scurity"/>保密
30                <td class="td_center3"><div class="span1"><img src="../images/reg2.gif" class="img1"/>请选择性别</div></td>
31                </td>
32              </tr>
33              <tr>
```

34	`<td class="td_center1"> Email： </td>`
35	`<td class="td_center2"> <input type="text" name="txt_email" class="txt1"/>`
36	`<select name="email">`
37	`<option value="@163.com">@163.com</option>`
38	`<option value="@126.com">@126.com</option>`
39	`<option value="@qq.com">@qq.com</option>`
40	`</select>`
41	`</td>`
42	`<td class="td_center3"><div class="span1"><img src="../images/reg2.gif" class="img1"/>请输入邮箱</div></td>`
43	`</tr>`
44	`<tr>`
45	`<td class="td_center1"> 密码： </td>`
46	`<td class="td_center2"> <input type="password" name="txt_pwd"class="txt1"/> </td>`
47	`<td class="td_center3"><div class="span1"><img src="../images/reg2.gif" class="img1"/>请输入密码</div></td>`
48	`</tr>`
49	`<tr>`
50	`<td class="td_center1"> 确认密码： </td>`
51	`<td class="td_center2"> <input type="password" name="txt_pwd" class="txt1"/> </td>`
52	`<td class="td_center3"><div class="span1"><img src="../images/reg2.gif" class="img1"/>请确认密码</div></td>`
53	`</tr>`
54	`<tr>`
55	`<td class="td_center1"> 兴趣： </td>`
56	`<td class="td_center2">`
57	`<input type="checkbox" name="favorites" value="read"/>阅读`
58	`<input type="checkbox" name="favorites" value="swing"/>游泳`
59	`<input type="checkbox" name="favorites" value="muisc"/>音乐`
60	`<input type="checkbox" name="favorites" value="computer"/>摄影`
61	`<input type="checkbox" name="favorites" value="map"/>旅游`
62	`<td class="td_center3"><div class="span1"><img src="../images/reg2.gif" class="img1"/>请选择兴趣</div></td>`
63	`</td>`
64	`</tr>`
65	`<tr>`
66	`<td class="td_center1"> 相片： </td>`
67	`<td class="td_center2">`

```
68              <input type="file" name="file_image"/><br/>
69              <input type="submit" name="btn_image" value="上传" />
70                <td class="td_center3"><div class="span1"><img src="../images/reg2.gif" class="img1"/>请上传照片</div></td>
71            </td>
72          </tr>
73          <tr>
74            <td class="td_center1"> 简介： </td>
75            <td class="td_center2" >
76              <textarea cols="33" rows="8" name="txt_intro" class="txt2">
77                请输入您的个人简介，让朋友们更了解你！
78              </textarea>
79              <td class="td_center3"><div class="span1"><img src="../images/reg2.gif" class="img1"/>请进行自我介绍</div></td>
80            </td>
81          </tr>
82          <tr>
83            <td colspan="3" align="center">
84              <textarea rows="4" cols="50" class="txt2">
85                欢迎阅读会员注册协议
86                本协议的条款和条件适用于使用本网站的所有会员。
87              </textarea>
88            </td>
89          </tr>
90          <tr>
91            <td colspan="3" align="center">
92              <input type="reset" name="btn_reset" class="btn_1" value="重置" />
93              <input type="submit" name="btn_submit" class="btn_1" value="注册" />
94            </td>
95          </tr>
96          <tr>
97            <td colspan="3" class="td_bottom"></td>
98          </tr>
99
100        </table>
101      </form>';
102    ?>
103  </body>
104 </html>
```

（4）在浏览器中访问 localhost/ 项目 02/eg0217.php，运行效果如图 2-18 所示。

图2-18 任务2运行效果

项目小结

通过对这一部分内容的学习，林林掌握了HTML的基本知识和CSS的入门知识，熟悉了网页制作的基本流程和操作，但是在对后面章节内容的学习中，以及以后的实际使用过程中，需要灵活使用相关知识来制作网页。

成长驿站

以学自损，不如无学——选自南北朝颜之推《颜氏家训》。学习要永不满足，做人要谦虚，切忌骄傲。学习的目的是为了求得长进，如果凭借学到的知识自高自大，还不如不学习。

项目实训

1. 实训要求

参考自己学校或者本书出版社的官方网站，编写程序，实现主页面的内容效果。

2. 实训步骤

步骤 1：观察参考网站。

步骤 2：下载需要用到的相关图片。

步骤 3：创建 .php 和 .css 文件，根据页面要求在文件中编写 HTML 和 CSS 内容，使用外部样式表来实现相关的样式设置。

项目习题

一、填空题

1. 在 HTML 源代码中，图像的属性用 _____ 标记来定义。

2. 在 HTML 中使用 _____ 标签引入 CSS 内部样式表。

3. 在 HTML 中，_____ 标签可以实现换行。

4. CSS 使用 _____ 属性来定义字体下划线、删除线以及顶划线效果。

5. 每一个样式声明之后，要用 _____ 表示一个声明的结束。

二、选择题

1. 下面哪一个标签不能放在 head 标签内？（　　）

　　A. title 标签　　　　　　　　B. style 标签

　　C. body 标签　　　　　　　　D. script 标签

2. 如果想要实现粗体效果，我们可以使用（　　）标签来实现。

　　A.<strong></strong>　　　　B.<em></em>

　　C.<sup></sup>　　　　　　D.<sub></sub>

3. 下面有关 ul 元素（不考虑嵌套列表）的说法不正确的是（　　）。

　　A. ul 元素的子元素只能是 li，不能是其他元素

　　B. ul 元素内部的文本，只能在 li 元素内部添加，不能在 li 元素外部添加

　　C. 绝大多数列表都是使用 ul 元素来实现，而不是 ol 元素

　　D. 可以在 ul 元素中直接插入 div 元素

4. CSS 可以使用（　　）属性来设置文本颜色。

　　A. color　　　　　　　　　　B. background-color

　　C. text-color　　　　　　　　D. font-color

5. 下面有关表格的说法正确的是（　　）。

    A. 表格已经被抛弃了，现在没必要学

    B. 可以使用表格来布局

    C. 表格一般用于展示数据

    D. 表格最基本的 3 个标签是：tr、th、td

6. 下面有关 id 和 class 的说法中，正确的是（　　）。

    A. id 是唯一的，不同页面中不允许出现相同的 id

    B. id 就像你的名字，class 就像你的身份证号

    C. 同一个页面中，不允许出现两个相同的 class

    D. 可以为不同的元素设置相同的 class 来为他们定义相同的 CSS 样式

项目 3

个人成绩分析程序——PHP数据与运算

▶ 情景导入

　　e点网络科技公司的学生成绩管理系统产品功能比较强大，林林在学习PHP编程语言的过程中，想以该系统作为参考，尝试运用PHP实现一些功能。林林最近在学习PHP的基础语法部分，想运用PHP编程语言编写一个简单的个人成绩分析程序，并对程序的界面及功能实现进行设计。首先，要求有美观的界面，方便用户进行操作；其次，要实现根据用户输入的成绩计算出成绩的总和、平均分和最高分的功能。个人成绩分析程序的界面设计如图3-1所示。

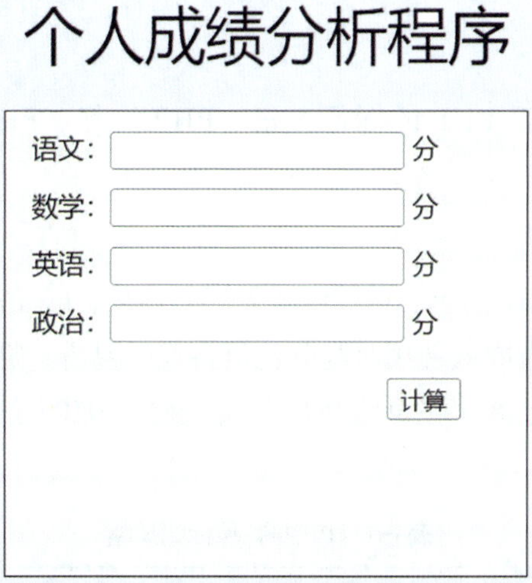

图3-1　个人成绩分析程序界面

▶ 项目目标

1. 知识目标

◆熟悉PHP的基本语法。
◆熟悉PHP常量与变量的使用方法。

2. 技能目标

◆ 掌握 PHP 的标记风格、注释及关键字。
◆ 掌握 PHP 的数据类型与运算符的使用方法。

3. 素养目标

◆ 保持良好的学习态度，勤学勤思勤练。

知识准备

3.1 PHP语法基础

PHP 是在服务器端执行的脚本语言，若想使用该语言编写出优质的 Web 网站，开发人员需要掌握 PHP 的基础知识。拥有扎实的基本功，以后在项目开发过程中才可以达到事半功倍的效果。

3.1.1 PHP基本语法

PHP 的基本语法包括 PHP 的标记风格、PHP 注释、PHP 语句及语句块三部分内容。

1. PHP 的标记风格

PHP 是一种嵌入式脚本语言，它可以嵌入到 HTML、JavaScript 等语言代码中使用，为了防止 PHP 语言代码在嵌入使用时与其他语言代码混淆，需要使用标记符对 PHP 代码进行标识，让 Web 服务器能够识别 PHP 语言代码。PHP 的标记风格共有 2 种，具体格式如表 3-1 所示。

表3-1　PHP的2种标记风格

标记风格	开始标记	结束标记
XML风格	<?php	?>
简短风格	<?	?>

下面展示上述 2 种风格的具体用法。

（1）XML 风格。

XML 标记风格是最常用的标记风格，它可以增加程序在跨平台使用时的通用度，是最推荐使用的标记风格，任何情况下我们都可以使用该标记风格标识 PHP 代码。

具体示例代码如下所示。

```
1   <?php
2       echo "Hello PHP";
3   ?>
```

（2）简短风格。

简短风格比较简单，在编程时这种风格的 PHP 标记便于书写和阅读。但使用该风格前需要将配置文件 php.ini 中的 short_open_tag 配置项设置为 on，然后重启 Apache 服务器。具体示例代码如下所示。

```
1   <?
2       echo "Hello PHP";
3   ?>
```

注意：开始与结束标记中的关键字不区分大小写，如"<?php"与"<?PHP"等效。

2.PHP 注释

为了提高程序代码的可读性，在编写程序时添加相应的注释是非常有必要的，这样可以增强代码的可读性以及方便后期代码维护。注释和 PHP 代码相同，必须位于 PHP 开始标记和结束标记之内，不同之处是注释在程序执行时会被解析器忽视。也就是说，注释在 PHP 程序执行时不会被处理，只是给"程序员"的阅读带来了方便。在添加注释时，要注意使用正确的书写格式。PHP 提供了 3 种注释风格，具体如下。

（1）单行注释。

该注释使用的是"//"，"//"后面的内容不会被输出。具体示例代码如下所示。

```
1   <?php
2       echo "Hello PHP"; //输出字符串"Hello PHP"
3   ?>
```

（2）多行注释。

该注释是以"/*"开始，以"*/"结束。多行注释内可以嵌套单行注释，但是不能再嵌套多行注释。具体示例代码如下所示。

```
1   <?php
2       /*
3           echo "Hello PHP";
4           echo "Hello Word";
5       */
6   ?>
```

（3）Shell 风格的注释。

该注释是 UNIX 的 Shell 语言风格的单行注释，使用的是"#"。（但"//"在开发过程中使用更广泛，推荐使用"//"进行单行注释。）具体示例代码如下所示。

```
1    <?php
2        echo "Hello PHP";  #输出字符串"Hello PHP"
3    ?>
```

以上是 PHP 语言支持的 3 种注释风格。其中，单行注释独占一行或放在 PHP 语句末尾都可以；多行注释"/*"和"*/"之间的全部内容作为 PHP 注释。

注意：PHP 解析器会忽略代码中的所有注释，而 HTML 注释不受 PHP 解析器的影响。HTML 注释被浏览器忽略，不显示给用户，但在浏览器中查看网页源代码时，看不到 PHP 注释，可看到 HTML 注释。

3. PHP 语句及语句块

PHP 程序一般由一条或多条 PHP 语句构成，每条 PHP 语句以英文分号";"结束。在程序编写时，一般一条 PHP 语句占一行，但一条 PHP 语句占多行或者多条 PHP 语句占一行也是可以的，但是这样编写会导致程序的可读性差，不易阅读，不建议这样编写。

如果多条 PHP 语句之间有一定的联系，可以使用"{}"将这些语句包含起来形成一个语句块。具体示例代码如下。

```
1    <?Php
2        {
3            echo "Hello PHP";
4            echo "<br/>";
5            echo "我是一个PHP语句块"; }
6    ?>
```

语句块单独使用没有什么意义，只有和条件判断语句、循环语句、函数等一起使用时才有意义。

3.1.2 PHP 标识符与关键字

1. 标识符

在计算机编程语言中，标识符是开发人员编写程序时使用的名字，用于给变量、常量、函数、语句块等命名，以建立起名称与功能之间的关系。在 PHP 程序开发中，定义标识符应遵循以下几点规则。

（1）命名应遵循见名知意的原则。

（2）标识符应避开系统已有的关键字。
（3）标识符只能由字母、数字和下划线组成。
（4）标识符可以由一个或者多个字符组成，但不能以数字开头。
（5）当标识符作为变量名时，要区分大小写。
（6）当标识符由多个单词成时，建议使用下划线进行分割。

2. 关键字

关键字又称保留字，是整个编程语言预先保留，并且具有一定的特殊含义的标识符。表3-2中列举了PHP中所有的关键字。

表3-2　PHP的关键字

__halt_compiler()	abstract	and	array()	as
break	callable	case	catch	class
clone	const	continue	declare	default
die()	do	echo	else	elseif
empty()	enddeclare	endfor	endforeach	endif
endswitch	endwhile	eval()	exit()	extends
final	finally	fn	for	foreach
function	global	goto	if	implements
include	include_once	instanceof	insteadof	interface
isset()	list()	match	namespace	new
or	print	private	protected	public
readonly	require	require_once	return	static
switch	throw	trait	try	unset()
use	var	while	xor	yield
yield from	__CLASS__	__DIR__	__FILE__	__FUNCTION__
__LINE__	__METHOD__	__NAMESPACE__	__TRAIT__	

备注：fn适用于PHP 7.4之后的版本；match适用于PHP 8.0之后的版本；readonly适用于PHP 8.1.0之后的版本，但是它可以作为函数名称。

在使用以上关键字时，需要注意关键字一般不能作为常量名、函数名、方法名和类名使用；关键字虽然可以作为变量名使用，但一般不建议，容易混淆。

3.1.3　PHP编码规则

在程序开发过程中，编码规则是十分有必要的。良好的编码习惯可以提高程序的可读性，有利于开发人员的交流。经过长期的经验积累，良好、统一的编程风格，在开发过程中可以起到事半功倍的效果。编码规则并不是强制性规则，但从项目长远发展考虑，编码规则十分必要。PHP语言开发过程中，一般遵循以下编写规则。

（1）代码尽量整洁。
（2）缩进使用 Tab 键，不要直接敲空格。
（3）代码的一行不得太长，应控制在 100 个字符以内，超出后须换行。
（4）圆括号和函数要紧贴在一起，以便区分关键字和函数。
（5）运算符与两边的变量或表达式间要有一个空格，字符连接运算符除外。
（6）花括号尽量放在关键字的下方。
（7）所有结构体全部使用大写字母，单词间用下划线分割。
（8）所有类名的首字母大写。
（9）全局变量使用"g_"前缀，文件内静态变量使用"s_"前缀。
（10）变量名和函数名的所有字母都要小写，使用"_"作为单词之间的分隔。
（11）类文件在命名时都以".class.php"为后缀，文件名和类名相同。

3.2 变量

变量是程序在内存中申请的一块用来存放临时数据的空间。它由变量名和变量值两部分组成，通过变量名可以访问变量值。PHP 是一种"弱类型"语言，当为变量赋值时，值的数据类型决定了变量的数据类型。当给变量赋值不同类型的数据时，也就意味着变量的数据类型发生了变化。

3.2.1 变量的定义与命名规则

1. 变量的定义

在项目开发过程中，有些编程语言，在使用变量时需要事先声明变量，但 PHP 编程语言不需要事先声明，可以直接赋值使用。在 PHP 中，变量是由一个美元符号"$"和变量名来表示，变量名区分大小写。其语法格式为：

$变量名 = 变量值;

2. 变量的命名规则

变量的命名就像人起名字一样，不可以随意命名，一般要具有一定的意义。规范的变量名称可增强代码的可读性和易懂性，使得代码修改和维护相对简单。PHP 中变量的命名规则如下。

（1）变量名称应见名知意。
（2）严格区分大小写。

（3）不能使用 PHP 中的关键字命名。

（4）变量名只能包含字母、数字和下划线，但不能以数字开头，且不能含有 +、-等运算符。

（5）变量名由多个单词组成时，采用驼峰法命名或者单词之间用"_"隔开。

（6）变量名不能包含空格。

下面列举一些合法变量名称和非法变量名称：合法的变量名：$number、$nu123、$_abc；非法的变量名：$12a（以数字开头）、$*ab（以 * 开头）、$const（为 PHP 的关键字）。

3.2.2 变量的赋值

变量声明后，一般需要给变量赋值，从而完成数据的存储。在 PHP 中，变量的赋值方式共有 3 种，分别为直接赋值、传值赋值、引用赋值。

1. 直接赋值

直接赋值是使用赋值符号"="直接将数值赋给某个变量。示例代码如下。

```
1    <?php
2        $num1 = 123;
3        $num2 = abc;
4        $str = "Hello World";
5    ?>
```

2. 传值赋值

传值赋值是使用赋值符号"="将一个变量赋值给另一个变量。传值赋值只改变了一个变量的值，不会影响另一个变量的值。示例代码如下。

```
1    <?php
2        $num1 = 123;
3        $num2 = $num1;
4        echo $num2; //输出：123
5    ?>
```

3. 引用赋值

引用赋值是当一个对象被赋值给另一个变量时，实际上是将其引用地址赋值给了另一个变量，这样两个变量都指向同一块内存地址的对象。因此，对其中一个变量所指向的对象进行任何操作，如添加数据、修改成员变量等，另一个变量也会受到影响。运用引用赋值时，变量前需要添加"&"符号。如：$num2 = & $num1。

示例代码如下。

```
1   <?php
2       $num1 = 10;
3       $num2 = & $num1;
4       $num2 = 20;
5       echo $num1 $num2;  //输出：2020
6   ?>
```

上述代码的第 3 行就使用了引用赋值，当执行语句"$num2 = & $num1"时，变量 $num2 将指向变量 $num1，并且和变量 $num1 共用一个值。第 4 行代码执行后，变量 $num2 的值发生了变化，则变量 $num1 的值也会发生改变。

3.2.3 变量的作用域

变量作用域是指变量的可用性范围。通常来说，一段程序代码中所用到的变量名并不总是有效可用的，而限定这个变量名的可用性的代码范围就是限定这个变量的作用域。设置变量的作用域，可提高程序逻辑的局部性，增强程序的可靠性，减少名字冲突。从作用域角度区分，变量可分为全局变量、局部变量、静态变量和函数参数。

1. 全局变量

全局变量通常是指在函数之外定义的变量。全局变量可以被函数外的其他部分访问。全局变量的作用域通常是整个脚本文件，直到该全局变量被重新定义为局部变量。如果要在函数内定义全局变量，则需要使用关键字"global"，其语法格式如下。

global $变量名;

案例 3-1：全局变量的用法

在"项目 03"文件夹中创建文件"eg0301.php"，输入如下代码。

```
1   <?php
2       $num1 = 10;
3       $num2 = 5;
4       function test()
5       {
6           global $num1,$num2;
7           $num2 = $num1 + $num2;
8       }
9       test();
10      echo "变量num2的值为：$num2"; //输出：15
11  ?>
```

运行结果如图 3-2 所示。

图3-2 全局变量示例

2. 局部变量

局部变量是指在函数内部定义的变量。局部变量只能在当前函数内部访问和使用，在函数执行结束后会自动销毁，即它们的生命周期仅限于函数调用期间。

案例 3-2：局部变量的用法。

在"项目 03"文件夹中创建文件"eg0302.php"，输入如下代码。

```
1   <?php
2       $num1 = 10;
3       function test()
4       {
5           $num2 = 5;
6           echo "变量num1的值为：$num1<br>";
7           echo "变量num2的值为：$num2<br>";
8       }
9       test();
10      echo "变量num1的值为：$num1<br>";
11      echo "变量num2的值为：$num2<br>";
12  ?>
```

运行结果如图 3-3 所示。

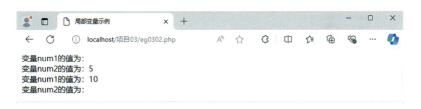

图3-3 局部变量示例

上述程序代码中，定义了两个变量：$num1 和 $num2。当调用函数 test()，函数输出了局部变量 $num2 的值，但是没有输出 $num1 的值。因为 $num1 是在函数外定义的全局变量，无法在函数内使用，如果要在函数中访问全局变量，需要使用 global 关键字。

当在 test() 函数外输出两个变量的值，程序输出了全局变量 $num1 的值，但是不能输出 $num2 的值。这是因为 $num2 变量在函数中定义，属于局部变量。

3. 静态变量

通过对局部变量的学习，我们知道局部变量在函数调用结束后，变量的值将失效。但在项目开发过程中，有时仍需要使用该变量，此时就需要将变量声明为静态变量。在声明静态变量时，只需要在变量前加上关键字 static 即可。具体的语法格式如下。

static $变量名=变量值;

案例 3-3：静态变量的用法。

在"项目 03"文件夹中创建文件"eg0303.php"，输入如下代码。

```php
1   <?php
2     function test()
3     {
4         static $num1 = 5;
5         echo "变量num1的值为：$num1";
6         $num1++;
7         echo "<br>";
8     }
9   test();
10  test();
11  test();
12  ?>
```

运行结果如图 3-4 所示。

图3-4　静态变量

上述程序代码中，函数 test() 每次调用时，变量 $num1 都会保留着函数前一次被调用时的结果。但变量 $num1 始终是局部变量。

3.3　常量

常量和变量是编程语言中最基本的数据存储单元。常量值被定义后，在脚本的其他任何地方都不能被改变。一个常量由英文字母、下划线和数字组成，但数字不能作为首字母出现。在 PHP 编程语言中，提供了自定义常量和预定义常量。

3.3.1 自定义常量

开发人员根据程序编写需求可以自定义相应的常量,并且常量名不需要加 $ 修饰符,使用 define() 函数来定义常量,语法格式如下。

define($name,$value,$case_insensitive);

该函数有 3 个参数:
①参数 $name,必选参数,表示常量名称。
②参数 $value,必选参数,表示常量的值。
③参数 $case_insensitive,可选参数,表示常量名是否对大小写敏感。默认为 FALSE,表示大小写敏感;如果设置为 TRUE,表示对大小写不敏感。

注意:自 PHP 7.3.0 开始,定义不区分大小写的常量的功能已被弃用。从 PHP 8.0.0 开始,只有 FALSE 是可接受的值,传递 TRUE 将产生一个警告。

下面通过一段程序代码,展示自定义常量的用法。

```
1   <?php
2     define("$num1",123);
3     define("CONSTANT","Hello PHP");
4     echo CONSTANT; //输出结果:Hello PHP
5   ?>
```

3.3.2 预定义常量

PHP 提供了大量的预定义常量,不过其中很多常量都是由不同的扩展库定义的,只有在加载了这些扩展库时才可以使用。常用的 PHP 预定义常量如表 3-3 所示。

表3-3 预定义常量

名称	作用
__FILE__	返回当前文件所在的完整路径和文件名
__LINE__	返回代码当前所在行数
PHP_VERSION	返回当前PHP程序的版本
PHP_OS	返回PHP解释器所在操作系统名称
PHP_SAPI	返回PHP的运行模式
TRUE	真值
FALSE	假值
NULL	空值
E_ERROR	指到最近的错误处
E_WARNING	指到最近的警告处
E_PARSE	指到语法有潜在问题处
E_NOTICE	提示发生不寻常问题,但不一定是错误

注意：预定义常量 __FILE__ 和 __LINE__ 中的 __ 是两条短下划线。

案例 3-4：预定义变量的用法。

在"项目 03"文件夹中创建文件"eg0304.php"，输入如下代码。

```
1  <?php
2    echo "当前文件的路径为："._FILE_;
3    echo "<br/>当前代码的行数为："._LINE_;
4  ?>
```

运行结果如图 3-5 所示。

图3-5　预定义常量

3.4　PHP的数据类型

数据是信息的表现形式和载体，计算机操作的对象是数据，但数据又有多种不同的表现形式，只有同一类型的数据才可以作相应的操作。

PHP 的数据类型主要分为 3 类，分别为标量数据类型、复合数据类型和特殊数据类型。其中，标量数据类型和复合数据类型是开发过程中常用的数据类型。

3.4.1　标量数据类型

标量数据类型是最基本的数据类型，只能存储一个数据。PHP 的标量数据类型又包含了整型、浮点类型、布尔类型和字符串类型 4 种。

1. 整型

整型数据的范围是整数，整数可以是正数或负数。整型数据可以用三种格式来指定：十进制、八进制（前缀为 0）和十六进制（前缀为 0x）。

下面通过一段程序代码，展示整型数据的用法。

```
1  <?php
2    $num1=10;   //十进制数
3    $num2=012;  //八进制数
4    $num3=0x8c; //十六进制数
```

```
5    ?>
```

2. 浮点类型

浮点类型的数据，又称为浮点数，可以使用标准格式和科学记数法表示。标准格式指的是数学中的小数；科学记数法指的是将数字表示成一个数与 10 的 n 次幂相乘的形式，在程序中使用字母 E（或 e）后面跟一个数字的方式表示。

下面通过一段程序代码，展示浮点数的两种用法。

```
1    <?php
2        $num1=-1.234;       //标准格式
3        $num2=8.31e-3;      //科学记数法
4    ?>
```

上述代码中，第 3 行代码的 $num2 变量使用的科学记数法格式表示为 8.31×10^{-3}。

3. 布尔类型

布尔类型数据的值是 true 或 false，通常用于流程控制，用来表示条件是否成立。注意，PHP 中，布尔类型数据的值 true 和 false 不区分大小写。

下面通过一段程序代码，展示布尔类型数据的用法。

```
1    <?php
2        $a=true;
3        $b=false;
4    ?>
```

4. 字符串类型

字符串（string）是由数字、字母、下划线组成的一串字符。它是编程语言中表示文本的数据类型。在程序设计中，字符串为符号或数值的一个连续序列。在 PHP 中一般使用单引号（' '）和双引号（" "）来标注字符串。

单引号：若字符串使用单引号标注，则字符串的单引号"'"和反斜线"\"需要用转义符"\"转义之后才能输出。如果反斜线"\"在单引号之前或字符串结尾，就需要使用两个反斜线来进行转义。

下面通过一段程序代码，展示字符串的单引号标注。

```
1    <?php
2        echo '\'\\<br>';    //输出：'\
3        $a='Hello PHP';
4    ?>
```

双引号：字符串也可使用双引号进行标注。如果在定义的字符串中表示双引号，

同样也需要用转义字符转义。

下面通过一段程序代码，展示字符串的双引号标注。

```
1  <?php
2      $a=10;
3      echo "The value is $a";
4  ?>
```

PHP 中常见的转义字符，如表 3-4 所示。

表3-4　PHP常用的转义字符

转义字符	含义
\'	一个单引号字符
\"	一个双引号字符
\n	换行符
\t	水平制表符
\\	反斜线
\$	美元符
\xNN	用十六进制符号表示的字符
\ONN	用八进制符号表示的字符

3.4.2　复合数据类型

复合数据类型包含数组和对象。

1. 数组

数组是用于储存多个相同类型数据的集合。在程序设计中，为了处理方便，把具有相同类型的若干元素按有序的形式组织起来的一种形式。例如，数组"$arr1=arry(3,6,9)"共有 3 个元素，每个元素由"键"和"值"构成，每个元素都有唯一的键名，称为下标。

有关数组的知识，在后面章节中会详细进行讲解。

2. 对象

编程语言有面向过程和面向对象两种，PHP 编程语言是一种面向对象的编程语言，程序设计以对象为核心，该方法认为程序由一系列对象组成。

面向对象是一种编程思想和方法，它将程序中的数据和操作数据的方法封装在一起，形成"对象"，并通过对象之间的交互和消息传递来完成程序的功能。面向对象编程强调数据的封装、继承、多态和动态绑定等特性，使得程序具有更好的可扩展性、可维护性和可重用性。

在面向对象的程序设计中，对象是一个由信息及对信息进行处理的描述所组成的整体，是对现实世界的抽象。在现实世界里我们所面对的事情都是对象，如计算机、电视机、自行车等。有关面向对象的内容将在本书后面部分章节中进行详细讲解。

3.4.3 特殊数据类型

在 PHP 编程语言中，除了常用的标量数据类型和复合数据类型外，还有一种特殊的数据类型。特殊数据类型包含空值和资源两种。

1. 空值（NULL）

空值表示对变量没有设置任何值。在使用过程中，null 和 NULL 是一样的，因为这里不区分大小写。在开发过程中，空值的使用有两种形式。

（1）表示变量没有值。
（2）表示将变量设置为 null。

下面通过一段程序代码，展示空值的使用。

```
1    <?php
2      $num1;
3      $num2=null;
4      echo "变量num1的值为：$um1"."<br/>"."变量num2的值为：$um2";
5    ?>
```

上述代码中，变量 $num1 和变量 $num2 均为空值，但变量 $num1 是没有赋值的变量，而变量 $num2 是被赋予 null 的变量。两者之间是数据没有值和有空值的区别。

2. 资源（resource）

资源（resource）是一种特殊变量，保存了到外部资源的一个引用，是由专门的函数来建立和使用的。常见的资源数据类型有打开文件、数据库链接、图形画布区域等。

下面通过一段程序代码，展示资源类型的使用。

```
1    <?php
2      $fp = fopen("foo","w");
3      echo get_resource_type($fp)."\n";
4    ?>
```

上述代码，使用 get_resource_type() 函数来返回资源（resource）的类型。该函数返回的是一个字符串，用于表示传递给它的 resource 的类型。如果所给参数不是合法的 resource，将产生错误。

3.4.4 数据类型转换与检测

由于 PHP 的数据类型较多，在实际的项目开发过程中，有时需要对操作的数据类型进行转换和检测，避免错误的发生。

1. 数据类型的转换

数据类型的转换是将一种数据类型转化成另一种数据类型。例如，我们要对变量 $x=1.34 和变量 $y=10 进行相加的操作，若检测出变量 $y 是字符串类型，则此时不能直接对两个变量进行相加的操作。通常处理此类问题，方法一是让用户重新输入正确类型的变量 $y 的值，方法二则是对变量 $y 进行数据类型的转换。

数据类型的转换方式有两种：自动转换和强制转换。

（1）自动转换。

自动转换，又称隐式转换，很多情况下，PHP 会根据上下文环境来对数据的类型自动进行转换。

下面通过一段代码，展示自动转换的用法。

```
1    <?php
2      $num1=12;
3      $str1="abc";
4      echo $num1.$str1;    //输出为：12abc
5    ?>
```

上述代码中，两个变量的连接就使用了自动转换。变量 $num1 是整型，变量 $str1 是字符串类型，两个变量连接操作时，变量 $num1 自动（隐式）地转换为字符串类型。

（2）强制转换。

强制转换，又称显式转换，在某些特殊情况下，需要手工地对数据进行强制类型转换。PHP 中的强制类型转换和 C 语言中的非常像，要在需要转换的变量之前加上用括号括起来的目标类型。

PHP 中允许强制转换的类型有：

◆ (int)、(integer)：转换为整型。

◆ (bool)、(boolean)：转换为布尔类型。

◆ (float)、(double)、(real)：转换为浮点型。

◆ (string)：转换为字符串。

◆ (array)：转换为数组。

◆ (object)：转换为对象。

◆ (unset)：转换为 NULL。

除了上述方式，还可以通过一些函数实现数据类型的强制转换。

- intval($var)：转换成整型，返回转换后的值。
- floatval($var) 或 doubleval($var)：转换成浮点型，返回转换后的值。
- strval($var)：转换成字符串型，返回转换后的值。
- boolval($var)：转换成布尔类型，返回转换后的值。

案例 3-5：强制转换的用法

在"项目 03"文件中创建文件"eg0305.php"，输入如下代码。

```
1   <?php
2       //整型转换
3       $x=10.1;
4       $y=(int)$x;
5       //布尔类型转换
6       $a="abc";
7       $b=(bool)$a;
8       //浮点类型转换
9       $c=12;
10      $d=(float)$c;
11      echo "y的值为： $y"."<br>";
12      echo "b的值为： $b"."<br>";
13      echo "d的值为： $d";
```

运行结果如图 3-6 所示。

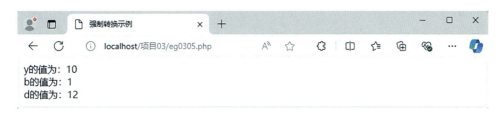

图3-6　强制类型转换

通过上述代码的运行结果，可以看出，我们在进行强制转换时，应该注意：

①转换成布尔类型时，null、0 和未赋值的变量或数组，会被转换成 false(0)，其他转换成 true(1)。

②转换整型时，布尔类型的 false 转换为 0，true 转换为 1；浮点型的小数，整数后的小数部分会被舍弃；字符串如果以数字开头，就截取到非数字位，否则输出 0。

2. 数据类型检测

在项目编程过程中，实现一些功能时，有时需要对操作的数据类型进行检测，判断其是否属于相同类型，避免操作过程出现错误。在 PHP 中提供了一些函数来检测数据类型，详情见表 3-5。

表3-5　数据类型检测函数

函数	检测类型	示例
is_bool()	检测变量是否为布尔类型	is_bool($a);
is_string()	检测变量是否为字符串类型	is_string($a);
is_float()/is_double()	检测变量是否为浮点数类型	is_float($a); is_double($a);
is_int()/is_integer()	检测变量是否为整型	is_int($a); is_integer($a);
is_null()	检测变量是否为null	is_null($a);
is_array()	检测变量是否为数组类型	is_array($a);
is_object()	检测变量是否为一个对象类型	is_object($a);
is_numeric()	检测变量是否为数字或数字组成的字符串	is_numeric($a);

3.5　PHP运算符

程序编写过程中，经常需要对变量中存储的数据进行运算，此时就需要用到相关的运算符。PHP 提供了多种类型的运算符，专门用于执行特定运算或逻辑操作。本节讲解 PHP 常用的运算符和运算符的优先级。

3.5.1　算术运算符

算术运算符主要用于对两个变量或数字进行算术运算，它与数学中的加、减、乘、除运算一样。PHP 中常用的算术运算符如表 3-6 所示。

表3-6　算术运算符

运算符	运算	示例
+	加	$a+$b
-	减	$a-$b
*	乘	$a*$b
/	除	$a/$b
%	取模（取余）	$a%$b
++	自增（前置）	++$a
++	自增（后置）	$a++
--	自减（前置）	--$a
--	自减（后置）	$a--

上述算术运算中，除法只有在两个操作数都是整数且正好能整除时，返回一个整数，其余情况均返回浮点数；取模运算的操作数在运算之前都会转换成整数，取模运算的结果和被除数的符号相同；自增运算符"++"和自减运算符"--"属于特殊的算术运算符，它们用于对整型数据操作。

3.5.2 赋值运算符

赋值运算符用于将运算符号右边的值赋给左边的变量。在编程语言中，我们给变量赋初值的时候，一般会使用赋值符号"="，但赋值运算符还有许多。PHP中常用的赋值运算符如表3-7所示。

表3-7 赋值运算符

运算符	运算	示例
=	赋值	$a=12;
+=	加并赋值	$a+=12;//等同于$a=$a+12;
-=	减并赋值	$a-=12;//等同于$a=$a-12;
*=	乘并赋值	$a*=12;//等同于$a=$a*12;
/=	除并赋值	$a/=12;//等同于$a=$a/12;
%=	取模并赋值	$a%=12;//等同于$a=$a%12;
.=	字符串连接并赋值	$a.=12;//等同于$a=$a.12;

3.5.3 字符串运算符

在 PHP 中，只有一个字符串运算符，它被称为并置运算符（.），用于把两个字符串值连接起来。

下面我们通过一段程序代码，展示字符串运算符的用法。

```
1    <?php
2        //字符串运算符
3        $x="我的名字叫";
4        $y="李明";
5        echo $x.$y; //输出结果为：我的名字叫李明
6    ?>
```

3.5.4 位运算符

位运算就是直接对整数在内存中的二进制位进行操作。例如，6 的二进制数是 110，11 的二进制数是 1011，那么整数 6 和 11 进行位运算时，它是二进制对应位进行逻辑运算。PHP 中的位运算符如表 3-8 所示。

表3-8 位运算符

运算符	运算	说明
&	按位"与"	将操作数进行按位"与"运算,如果两个二进制位都是1,则该位的结果为1,否则为0
|	按位"或"	将操作数进行按位"或"运算,如果两个二进制位有一个为1,则该位的结果为1,否则为0
∧	按位"异或"	将操作数进行按位"异或"运算,如果二进制位相同,则按位"异或"结果为0,否则为1
~	按位"非"	将操作数进行按位"非"运算,如果二进制位为1,则按位"非"结果为0。如果二进制位为0,则按位"非"结果为1
>>	向右移位	将操作数的二进制位按照指定的位数向右移动,运算时,如果操作数是负数,左边的空位补1;如果操作数是整数,左边的空位补0
<<	向左移位	将操作数的二进制位按照指定的位数向左移动,运算时,右边的空位补0,左边移走的部分舍弃

3.5.5 逻辑运算

程序开发过程中,有时需要进行条件逻辑判断,那么此时我们就需要用到逻辑运算符进行操作。PHP 中的逻辑运算符如表 3-9 所示。

表3-9 逻辑运算符

运算符	运算	说明
&&/and	与	$a && $b,两者同时为true,则返回true,否则返回false
or/||	或	$a || $b,两者只要有一个为true,则返回true;两者同时为false时,返回false
xor	异或	$a xor $b,两者只有一个是true时,返回true,否则返回false
!	非	!$a,当$a为false时,则返回true;当$a为true时,则返回false

3.5.6 比较运算符

在项目开发过程中,假设我们要选出两款商品中价格较低的商品,想要对两款商品的价格进行比较,就需要运用比较运算符。比较运算符用于对两个数据或表达式的值进行比较,比较的结果是一个布尔值。PHP 中常用的比较运算符如表 3-10 所示。

表3-10 比较运算符

运算符	运算	说明
>	大于	$a>$b,如果$a的值大于$b的值,返回true,否则返回false
>=	大于等于	$a>=$b,如果$a的值大于等于$b的值,返回true,否则返回false
<	小于	$a<$b,如果$a的值小于$b的值,返回true,否则返回false
<=	小于等于	$a<=$b,如果$a的值小于等于$b的值,返回true,否则返回false
==	等于	$a==$b,如果$a的值等于$b的值,返回true,否则返回false
!=	不等于	$a!=$b,如果$a的值不等于$b的值,返回true,否则返回false
===	全等	$a===$b,如果$a的值等于$b的值且两者数据类型相同,返回true,否则返回false
!==	不全等	$a!==$b,如果$a的值与$b的值不相等或数据类型不同,返回true,否则返回false

3.5.7 三元运算符

三元运算符也称为三元表达式，使用问号"?"和冒号":"两个符号连接，作用是根据表达式的值判断下一步是执行问号后面的表达式还是执行冒号后面的表达式。三元运算的具体语法格式如下。

条件表达式?表达式1:表达式2

上述逻辑判断中，如果条件表达式的值是 true，则执行表达式 1；如果条件表达式的值是 false，则执行表达式 2。

3.5.8 运算符的优先级

在程序中，一个表达式可能包含多个由不同运算符连接起来的、具有不同数据类型的数据对象。表达式中的多种运算，在不同的结合顺序下可能得出不同结果甚至出现运算错误，因此运用运算符时须遵循一定的运算顺序进行计算，就像数学中的四则运算遵循的是"先乘除，后加减"的原则一样。

在 PHP 编程语言中，当表达式中含多种运算时，须按照"优先级高的运算符先执行，优先级低的运算符后执行，优先级相同的运算符按照从左到右的顺序执行"的原则进行运算。

表 3-11 按照优先级从高到低列出了运算符。同一行中的运算符具有相同优先级，此时它们的结合方向决定求值顺序。

表3-11 运算符的优先级

结合方向	运算符	说明
无	( )	括号
左结合	[ ]	数组
右结合	++、--、~、(int)、(float)、(string)、(array)、(object)、(bool)、@	自增/自减运算符、类型转换
右结合	!	逻辑运算符
左结合	*、/、%	算术运算符
左结合	+、-、.	算术运算符和字符串运算符
左结合	<<、>>	位运算符
非结合	<、<=、>、>=	比较运算符
非结合	==、!=、===、!==	比较运算符
左结合	&	位运算符和引用
左结合	^	位运算符
左结合	|	位运算符
左结合	&&	逻辑运算符

续表

结合方向	运算符	说明
左结合	||	逻辑运算符
左结合	?:	三元运算符
右结合	=、+=、-=、*=、/=、.=、%=、&=、|=、^=、<<=、>>=	赋值运算符
左结合	and	逻辑运算符
左结合	xor	逻辑运算符
左结合	or	逻辑运算符
左结合	,	分隔表达式

表 3-11 中，左结合方向表示同级运算符的执行顺序为从左向右；右结合方向表示同级运算符的执行顺序为从右到左；小括号"()"是优先级最高的运算符，运算时要先计算小括号内的表达式，当表达式中有多个小括号时，最内层的小括号表达式优先级最高；or 和 ||、&& 和 and 都是逻辑运算符，但是他们的优先级却不同。

在实际的项目开发过程中，如果条件表达式需要运用到多种运算符，为了避免错误发生，可以根据需要添加小括号。

下面我们通过一段程序代码，说明逻辑运算符 or 和 || 优先级的高低。

```php
1  <?php
2      $a=10;
3      $b=false;
4      $c=$a or $b;
5      var_dump($c);  //输出：int(10)
6      $d=$a || $b;
7      var_dump($d);  //输出：bool(true)
8  ?>
```

上述代码执行后，$c 的结果为：int(10)，这是因为"or"的优先级低于"="，则先将 $a 的值赋给了 $c。$d 的结果为：bool(true)，这是因为"||"的优先级高于"="，则先执行表达式"$a || $b"，然后将执行后的结果 true 赋给了 $d。所以，在使用 or 和 ||、&& 和 and 逻辑运算符时，看到结果不同时，要考虑到优先级的高低。

项目实践

林林根据自己的想法，对个人成绩分析程序进行了设计。程序整体主要分成两个任务实现：一是制作个人成绩分析程序的界面；二是实现计算个人成绩总和、平均分和最高分的功能。

任务1 设计个人成绩分析程序的界面

任务分析

个人成绩分析程序界面有页头、成绩输入文本框、计算按钮和统计分析结果4部分。其中，统计分析结果是在输入成绩并点击"计算"按钮后，再显示在页面上。

任务实施

运用 HTML+CSS 代码来实现本任务，其核心代码如下。
CSS 样式部分的代码：

```
1   <style>
2     .myDiv {
3         text-align: center;
4         font-size:35px;
5         margin-top:20px;
6         margin-bottom:20px;
7     }
8     .myDiv1{
9         width:300px;
10        height:260px;
11        background-color: #f1f1f1;
12        border: 1px solid black;
13        font-size:15px;
14        margin:0 auto;
15    }
16    .name{
17        margin-top:10px;
18        margin-left:15px;
19    }
20    .name1{
21        margin-top:20px;
22        margin-left:220px;
23    }
24  </style>
```

HTML 标签部分的代码：

```
1   <div class="myDiv">个人成绩分析程序</div>
2   <form action="#" method="post">
3    <div class="myDiv1">
4       <div class="name">语文： <input type="text" name="text_num1" value="<?Php if(isset($_POST['text_num1'])){echo $_POST['text_num1'];} ?>"/> 分</div>
5       <div class="name">数学： <input type="text" name="text_num2" value="<?php if(isset($_POST['text_num2'])){echo $_POST['text_num2'];} ?>"/> 分</div>
6       <div class="name">英语： <input type="text" name="text_num3" value="<?php if(isset($_POST['text_num3'])){echo $_POST['text_num3'];} ?>"/> 分</div>
7       <div class="name">政治： <input type="text" name="text_num4" value="<?php if(isset($_POST['text_num4'])){echo $_POST['text_num4'];} ?>"/> 分</div>
8     <div class="name1"><input type="submit" name="btn_save1" value="计算"/></div>
9    </div>
10  </form>
```

个人成绩分析程序的界面效果如图 3-7 所示。

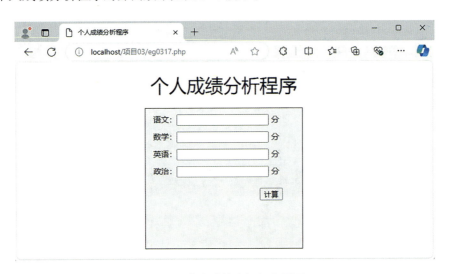

图3-7　个人成绩分析程序界面

任务2　实现个人成绩分析程序的统计功能

任务分析

利用 PHP 中预定义的 $_POST 变量收集来自"method=post"的表单中的值，然后利用算术运算符操作实现计算成绩总和与成绩平均分的功能，利用三元运算符实现计算成绩最高分的功能。

任务实施

运用 PHP 程序代码来实现本任务，详细的核心代码如下。

```php
1   <?php
2       $a=$_POST['text_num1'];
3       $b=$_POST['text_num2'];
4       $c=$_POST['text_num3'];
5       $d=$_POST['text_num4'];
6       $e=$a+$b+$c+$d;
7       $f=$e/4;
8       echo "<br/>成绩总和为：$e";
9       echo "<br/>成绩平均分为：$f";
10      //判断$a和$b谁大，将大的赋给$max
11      $max = $a>$b?$a:$b;
12      //判断$max和$c谁大，将大的赋给$max
13      $max = $max>$c?$max:$c;
14      //判断$max和$d谁大，将大的赋给$max
15      $max = $max>$d?$max:$d;
16      echo "<br/>成绩的最高分为：$max";
17  ?>
```

运行效果如图 3-8 所示。

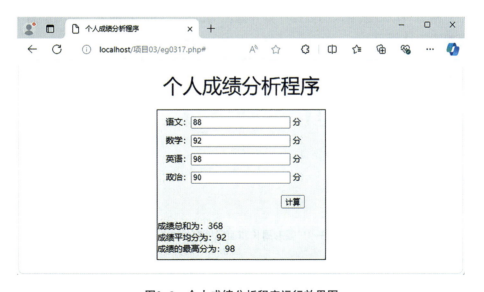

图3-8　个人成绩分析程序运行效果图

项目小结

本项目首先讲解了PHP的语法基础，此部分的内容包含PHP的基本语法、标识符与关键字、编码规则。然后讲解了PHP的变量与常量、数据类型和运算符的相关知识点。最后，通过设计个人成绩分析程序展示了本项目相关知识点的实际应用。

学习编程语言，掌握基础知识是核心，重点还是要多动手、多实践，通过设计一些小程序，锻炼自己的实践能力，同时也可以通过程序设计，感受编程带来的成就感。在学习的时候，一定要坚持写代码，遇到不懂的问题要弄清楚、搞明白，熟练掌握了基础知识，很快就会入门。

成长驿站

"锲而舍之，朽木不折；锲而不舍，金石可镂。"坚持是成功的阶梯，只有不断攀登，才能抵达梦想的彼岸。林林在学习过程中，广泛查阅各种学习资料，积极解决实践过程中遇到的问题，不仅知识上在不断进步，思想也在改变，他深刻意识到学习没有捷径可言，贵在坚持不懈。

项目实训

1. 实训要求

运用PHP运算符，实现圆形周长和面积的计算。具体要求：用户可以自己输入圆的半径，网页可以根据输入的数据计算并返回圆的周长和面积的值。在浏览器中运行的效果如图3-9所示。

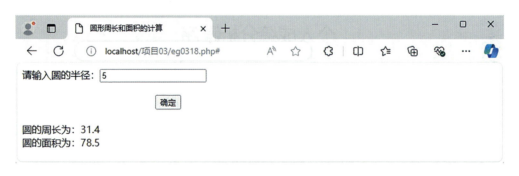

图3-9　圆形周长和面积计算的效果图

2. 步骤提示

步骤1：设计一个表单，表单中要包含一个文本输入框和一个"计算"按钮。

步骤2：获取提交的表单数据，进行相应的运算符操作，在页面输出圆形的周长和面积值。

步骤3：在浏览器运行程序，查看运行效果。

项目习题

一、填空题

1. PHP 的常量包含预定义常量和_____2 种。
2. PHP 支持的数据类型有_____、_____和_____3 种类型。
3. PHP 中变量的作用域分为：_____、_____、静态变量和函数参数 4 类。
4. PHP 运算符中，优先级最高的运算符是_____。

二、选择题

1. 下列 4 个选项中，可以作为 PHP 常量名的是（　　　）。
   A. $_abc　　　　B. _abd　　　　C. $123　　　　D. &a12
2. 关于 PHP 变量的说法正确的是（　　　）。
   A. PHP 是一种强类型语言
   B. PHP 变量声明时需要指定变量的类型
   C. PHP 变量声明时在变量名前使用的字符是"&"
   D. PHP 变量使用时，上下文会自动确定变量的类型
3. 以下（　　　）语句或函数可以输出变量的类型。
   A. echo　　　　B. print()　　　　C. var_dump()　　　　D. print_r()
4. 下列关于全等运算符"==="的说法正确的是（　　　）。
   A. 只有两个变量的数据类型相同时才有效
   B. 两个变量数据类型不同时，将转换为相同数据类型再比较
   C. 字符串和数值之间不能使用全等运算符来比较
   D. 只有当两个变量的值和数据类型都相同时，结果才为 true
5. 下列说法正确的是（　　　）。
   A. PHP 代码只能嵌入 HTML 代码中
   B. 在 HTML 代码中只能在开始标识 "<?php" 和结束标识 "?>" 之间嵌入 PHP 代码
   C. PHP 单行注释必须占一行
   D. 在纯 PHP 代码中，可以没有 PHP 代码结束标识

三、简答题

1. 简述 PHP 语言的注释类型。
2. 简述 PHP 变量的命名规则。

3. PHP 的赋值类型有几种，分别是什么？

4. PHP 的数据类型包含哪几种？

四、操作题

1. 运用字符串运算符，将以下变量进行连接，输出"My name is PHP"。

```
1    $a = "My";
2    $b = "name";
3    $c = "is";
4    $d = "PHP";
```

2. 请设计程序输出以下 3 个变量的最大值。

```
1    $a =10;
2    $b =2;
3    $c =5;
```

3. 期末考试中，张磊的 PHP 程序设计课程成绩为 85 分，请运用三元运算符编写程序，判断张磊 PHP 程序设计课程的成绩是否及格（60 分为及格线）。

学生成绩评级系统——流程控制

情景导入

　　林林在学习 e 点网络科技公司的学生成绩管理系统时，运用 PHP 编程语言的基础语法知识，简单设计了一个个人成绩分析程序，可以根据用户输入的成绩计算出成绩的总和、平均分和最高分。但是，在统计成绩数据时，出现了一些新的问题，例如，评定成绩等级的时候，必须满足一定的条件才可以进行；有时候还会出现循环使用某些数据的情况等等。这就牵涉到了 PHP 流程控制知识的学习，诸如，条件语句、循环语句等等，掌握这些知识后，林林就可以实现该系统更复杂的一些功能。

项目目标

1. 知识目标

- ◆ 理解条件语句（if、else、elseif）的用法和语法结构。
- ◆ 掌握循环语句（for、while、do-while）的使用方法及其区别。
- ◆ 了解跳转语句（break、continue）的作用和使用场景。

2. 技能目标

- ◆ 能够根据特定条件编写合适的条件语句来控制程序流程。
- ◆ 能够设计并编写循环语句来实现重复操作。
- ◆ 能够灵活运用跳转语句来控制循环或函数执行过程。

3. 素养目标

- ◆ 注重代码的正确性和合规性，遵守相关法律法规，保护信息安全和网络安全，增强社会责任感。
- ◆ 培养代码规范的意识，注重代码风格、命名规范和可读性，倡导良好的代码习惯和职业道德。
- ◆ 在能够运用流程控制解决实际编程问题的同时，注重问题背后的思想意义和价值，用技术驱动社会进步。

知识准备

4.1 条件语句

4.1.1 if 语句

在 PHP 中，if 语句是最基础也是最频繁使用的流程控制结构之一。它允许根据条件的真假来决定是否执行特定的代码块。通过使用 if 语句，程序可以做出决策并根据不同的情况采取不同的行动。

if 语句的基本语法如下：

```
if (condition) {
    // code to be executed if condition is true
}
```

condition：一个返回布尔值的表达式。如果条件为 true，则执行大括号 {} 内的代码。如果条件为 false，则跳过该代码块。

案例 4-1：判断公民是否大于 18 岁。

步骤 1：在 VS Code 中新建"项目 04"文件夹，用于存放本项目所有程序文件。在"项目 04"文件夹中创建一个文件，命名为"eg0401.php"，在该文件中输入如下代码。

```
1  <?php
2      echo "我是中国人。<br>";
3      $age = 20;
4      if ($age >= 18) {
5          echo "林林是一名大于18岁的中国公民。";
6      }
7  ?>
```

在这个示例中，首先提示输出"我是中国人。"，接下来判断 $age 是否大于或等于 18。如果条件为真（即，如果年龄大于或等于 18 岁），则输出"林林是一名大于 18 岁的中国公民。"。

步骤 2：打开浏览器，访问 localhost/项目 04/eg0401.php，显示结果如图 4-1 所示。

图4-1 案例的显示结果

if 语句可以嵌套使用，即在一个 if 语句内部可以包含另一个 if 语句。这允许在更复杂的条件下进行决策。

案例 4-2：使用 if 嵌套来判断公民是否拥有选举权和被选举权。

根据《中华人民共和国宪法》第三十四条规定，"中华人民共和国年满十八周岁的公民，不分民族、种族、性别、职业、家庭出身、宗教信仰、教育程度、财产状况、居住期限，都有选举权和被选举权，但是依照法律被剥夺政治权利的人除外"。

在"项目 04"文件夹中创建文件"eg0402.php"，输入如下代码。

```php
1    <?php
2      echo "我是中国人。<br>";
3      $age = 20;
4      $PoliticalRight = true;    //没有被剥夺政治权利
5      if ($age >= 18) {
6        if ($PoliticalRight) {
7          echo "在中国，林林拥有选举权和被选举权。";
8        }
9      }
10   ?>
```

在这个示例中，首先声明是中国人，再检查个人是否年满18岁。如果这个条件为真，那么会进一步检查是否被剥夺政治权利。当享有选举权和被选举权的三个条件都满足时，输出相应的结果。

该案例在浏览器中的显示结果如图 4-2 所示。

图4-2 if嵌套的显示结果

通过使用 if 语句，我们可以控制程序的流程，使其根据不同的条件执行不同的代码路径。这是编程中实现决策逻辑的基石。在编写 if 语句时，重要的是确保条件表达式正确无误，并且清晰地理解哪些代码会在条件为真时执行。

4.1.2 if-else语句

在 PHP 中，if-else 语句是对 if 语句的扩展，它允许在条件不满足（即条件为 false）时执行另一段代码。

if-else 语句的基本语法如下：

```
if (condition) {
    // code to be executed if condition is true
} else {
    // code to be executed if condition is false
}
```

condition：一个布尔表达式。如果条件为 true，则执行 if 后的代码块；如果条件为 false，则执行 else 后的代码块。

案例 4-3：if-else 语句执行条件的两种情况。

在"项目 04"文件夹中创建文件"eg0403.php"，输入如下代码。

```
1   <?php
2       echo "我是中国人。<br>";
3       $age = 16;
4       $PoliticalRight = true;   //没有被剥夺政治权利
5       if ($age >= 18) {
6           if ($PoliticalRight) {
7               echo "在中国，林林拥有选举权和被选举权";
8           }
9       }else{
10          echo "由于不足18岁，还不拥有选举权和被选举权。";
11      }
12  ?>
```

说明：由于 $age 的值小于 18，第 6—8 行不运行，直接执行第 9 行 else 后面的语句体。该案例在浏览器中的显示结果如图 4-3 所示。

图4-3　if-else案例的显示结果

4.1.3 if-elseif-else语句

if-elseif-else 语句用于在多个条件之间进行选择，只有当给定条件为 true 时，相应的代码块才会被执行。如果所有条件都不为真,则执行 else 部分的代码。

基本语法格式如下:

if (condition1) {
   // code to be executed if condition1 is true
} elseif (condition2) {
   // code to be executed if the condition1 is false and condition2 is true
} else {
   // code to be executed if all conditions are false
}

案例 4-4:使用 if-else 语句嵌套判断输入的月份所属的季节及该月份有什么特殊节日。

用户在页面表单里输入月份并提交,程序通过 POST 方法获取表单数据,并检查是否收到了月份数据;使用 if-elseif-else 语句确定输入的月份属于哪个季节,根据月份进一步使用 if-elseif 语句判断该月是否有特定的节日,如果输入的月份没有特定的节日或节日未在代码中明确指定,则输出默认的节日信息;如果用户没有提交有效的月份,程序会输出错误提示信息。

在"项目 04"文件夹中创建文件"eg0404.php",输入如下代码。

```
1   <!DOCTYPE html>
2   <html lang="en">
3     <head>
4       <meta charset="UTF-8">
5       <title>月份季节判断</title>
6     </head>
7     <body>
8       <h1>请输入月份来判断季节和节日</h1>
9       <form action=" " method="post">
10        <label for="month">月份:</label>
11        <input type="number" id="month" name="month" min="1" max="12" required>
12        <input type="submit" value="提交">
13      </form>
14      <?php
15        // 检查表单是否已提交
16        if ($_SERVER["REQUEST_METHOD"] == "POST" && isset($_POST['month'])) {
17          $month = intval($_POST['month']); // 获取月份并转换为整数
18          // 初始化季节变量
19          $season = "";
20          $festival = "";
21          // 使用if语句确定季节
```

```php
22      if ($month >= 3 && $month <= 5) {
23          $season = "春季";
24          // 春季可能的节日
25          if ($month == 3) {
26              $festival = "植树节（3月12日）";
27          } elseif ($month == 4) {
28              $festival = "清明节（4月4日或5日）";
29          elseif ($month == 5) {
30              $festival = "劳动节（5月1日）";
31          }
32      } elseif ($month >= 6 && $month <= 8) {
33          $season = "夏季";
34          // 夏季可能的节日
35          if ($month == 6) {
36              $festival = "儿童节（6月1日）";
37          }elseif ($month == 7) {
38              $festival = "建党节（7月1日）";
39          } elseif ($month == 8) {
40              $festival = "建军节（8月1日）";
41          }
42      } elseif ($month >= 9 && $month <= 11) {
43          $season = "秋季";
44          // 秋季可能的节日
45          if ($month == 9) {
46              $festival = "中秋节（农历八月十五）";
47          } elseif ($month == 10) {
48              $festival = "国庆节（10月1日）";
49          }
50      } else {
51          $season = "冬季";
52          // 冬季可能的节日
53          if ($month == 1) {
54              $festival = "元旦节（1月1日）";
55          } elseif ($month == 12) {
56              $festival = "圣诞节（12月25日）";
57          } elseif ($month == 2) {
58              $festival = "情人节（2月14日）";
59          }
60      }
61      // 如果没有特定的节日，设置默认节日信息
62      if (empty($festival)) {
```

```
63                $festival = "这个月份没有特定的节日，或者节日日期未在代码中明确指定。";
64            }
65            // 显示季节和节日
66            echo "你输入的月份是：{$month}，属于 {$season}。这个月份的节日是：{$festival}。";
67        } else {
68            echo "请通过表单提交一个有效的月份。";
69        }
70    ?>
71    </body>
72    </html>
```

该案例在浏览器中的显示结果如图 4-4 所示。

图4-4　if-else语句嵌套的显示结果

4.1.4　switch语句

switch 语句用于基于不同情况执行不同的代码块。它通常用于替代多个 if-elseif 结构，使得代码更加清晰和易于管理。

基本语法格式如下：

```
switch (n) {
  case label1:
    // code to be executed if n=label1
    break;
  case label2:
    // code to be executed if n=label2
    break;
  ...
  default:
    // code to be executed if n is different from all labels
}
```

n 是需要比较的变量或表达式。

case 后跟一个要比较的值和一个冒号。

break 关键字防止代码自动地继续执行下一个 case（break 语句将在后续章节中详细介绍）。

default 代码块是可选的，用于处理所有未明确列出的情况。

案例 4-5：使用 switch 语句选择喜欢的颜色。

在"项目 04"文件夹中创建文件"eg0405.php"，输入如下代码。

```php
<?php
    $favoriteColor = "蓝";
    switch ($favoriteColor) {
      case "红":
        echo "你最喜欢的颜色是："  .$favoriteColor."色";
        break;
      case "蓝":
        echo "你最喜欢的颜色是："  .$favoriteColor."色";
        break;
      case "绿":
        echo "你最喜欢的颜色是："  .$favoriteColor."色";
        break;
      default:
        echo "你不喜欢红、蓝、绿，可能喜欢其他颜色";
    }
?>
```

在这个示例中，根据变量 $favoriteColor 的值，程序会输出与之匹配的消息。

该案例在浏览器中的显示结果如图 4-5 所示。

图4-5　switch语句的显示结果

4.2　循环语句

在编程中会经常需要反复运行同一代码块，在脚本中添加若干几乎相等的代码行会使代码过长，不够简洁。循环语句在编程中用于重复执行一段代码多次。PHP 提供了几种循环结构，使得根据不同需求选择最合适的循环方式成为可能。

4.2.1 while循环

while 循环在指定条件为真时重复执行代码块。

基本语法如下：

```
while (condition) {
   // code to be executed
}
```

condition：控制循环继续执行的条件表达式。如果为 true，则执行循环体内的代码。

案例 4-6：while 语句循环显示周 1 至周 5。

在"项目 04"文件夹中创建文件"eg0406.php"，输入如下代码。

```
1    <?php
2       $week = 1;
3       while ($week <= 5) {
4          echo "周$week "."\t ";
5          $week++;
6       }
7    ?>
```

在这个案例中，while 循环会输出周 1 至周 5，并在每次循环结束时增加 $week 的值。该案例在浏览器中的显示结果如图 4-6 所示。

图4-6　while循环的显示结果

4.2.2 do-while循环

do-while 循环至少执行一次代码块，然后在条件为真时重复执行。

基本语法如下：

```
do {
   // code to be executed
} while (condition);
```

与 while 循环不同，do-while 循环先执行一次代码块，然后再检查条件。

案例 4-7：do-while 语句循环显示周 1 至周 5。

在"项目 04"文件夹中创建文件"eg0407.php",输入如下代码。

```
1   <?php
2     $week = 1;
3     do {
4       echo "周$week"."\t";
5       $week++;
6     } while ($week <= 5);
7   ?>
```

当初始条件为 true 时,while 和 do-while 的运行结果一致。而当初始条件为 false,while 循环体内的语句不被执行,而 do-while 循环会至少执行一次循环体内的代码。

4.2.3 for 循环

for 循环提供了一个更加紧凑的循环控制结构,通过初始化循环变量、定义循环条件和迭代表达式三部分来控制循环。

基本语法如下:

```
for (init; condition; increment) {
    // code to be executed
}
```

init:初始化循环变量。
condition:定义循环条件。
increment:迭代表达式。

for 循环的运行过程如下。第一步,执行 init 语句,对循环变量进行初始化;第二步,检查 condition,判断是否为真,如果为真,则执行循环体代码,否则直接退出 for 循环;第三步,循环体代码执行完成后,执行 increment 语句进行循环变量调整,实现循环迭代;重复第二步和第三步,直至 condition 为假,退出循环。

案例 4-8:for 语句循环显示周 1 至周 5。

在"项目 04"文件夹中创建文件"eg0408.php",输入如下代码。

```
1   <?php
2     for ($week = 1; $week <= 5; $week++) {
3       echo "周$week "."\t";
4     }
5   ?>
```

在这个案例中,浏览器中的显示结果如图 4-6 所示。

while、do...while、for 循环语句都能够实现循环功能,但在具体应用上,又略有不同。具体表现在以下两个方面。

(1)执行顺序。while 和 for 循环是先判断条件再执行,而 do-while 是先执行一次再判断条件。

(2)适用场景。while 和 do-while 适用于循环次数不确定或至少需要执行一次的情况,而 for 循环适用于循环次数已知或可以通过计算确定的情况。

这三种循环结构提供了灵活的重复执行机制,使用者可以根据具体的需求选择最适合的循环结构来实现代码逻辑。

4.2.4 循环嵌套

循环嵌套是指在一个循环内部再放置一个或多个循环的编程结构。这种结构常用于处理多维数组、生成复杂的列表或表格等场景。通过循环嵌套,我们可以有效地处理更加复杂的数据结构和逻辑问题。

在使用循环嵌套时,最常见的情况是将 for 循环嵌套在另一个 for 循环内部,但 while 和 do-while 循环也可以进行嵌套。重要的是要确保每个循环都有明确的终止条件,以避免造成无限循环。

案例 4-9:循环嵌套显示第 1—6 周,每周显示"星期 1—5"。

考虑一个场景,我们需要输出一个 6 行 6 列的表格,表格中第 1 列显示周次,其余依次显示星期 1—5。

在"项目 04"文件夹中创建文件"eg0409.php",输入如下代码。

```php
<?php
    echo "<table border='1' width=100% table-layout:auto>";
    for($weeknumber=1;$weeknumber<=6;$weeknumber++){
        echo "<tr>";
        echo "<td >第 $weeknumber 周</td>";
        for ($week = 1; $week <= 5; $week++) {
            echo "<td >星期$week</td> ";
        }
        echo "</tr>";
    }
    echo "</table>";
?>
```

在这个示例中,外层循环控制变量 $weeknumber,在表格的第一列显示周次。内层循环遍历 $week,在周次的后面依次显示星期 1—5。该案例在浏览器中的显示结果如图 4-7 所示。

图4-7　循环嵌套的显示结果

4.3　跳转语句

跳转语句在 PHP 中用于改变代码的执行顺序。这些语句可以帮助我们更有效地控制程序流程，包括中断循环或直接跳转到程序的其他部分。

4.3.1　break语句

break 语句主要用于终止当前循环或 switch 语句的执行，并立即跳出循环体或 switch 块。

在循环（for、foreach、while、do-while）或 switch 语句中使用 break 语句，可以实现在满足特定条件时提前结束循环或 switch 语句的执行。

案例 4-10：偶数判断小游戏。

使用 for 循环从 1 开始，递增至 50；在循环体内，首先检查当前的数字 $i 是否为偶数（即 $i % 2 == 0 是否为真）；如果 $i 是偶数，则打印出来；如果 $i 等于 20，使用 break 语句立即退出循环，并打印一条消息说明循环已经退出；当 break 语句执行后，循环将终止，不再执行后续的迭代。

在"项目 04"文件夹中创建文件"eg0410.php"，输入如下代码。

```
1    <?php
2        // 设置数字范围的开始和结束值
3        $start = 1;
4        $end = 50;
5        // 使用for循环遍历数字范围
6        for ($i = $start; $i <= $end; $i++) {
```

```
7         // 检查当前数字是否为偶数
8         if ($i % 2 == 0) {
9             echo $i . " 是偶数。" . PHP_EOL;
10        }
11        // 如果数字等于20,使用break退出循环
12        if ($i == 20) {
13            echo "已达到数字20,退出循环。" . PHP_EOL;
14            break;
15        }
16    }
17    ?>
```

该案例在浏览器中的显示结果如图 4-8 所示。

图4-8　偶数判断小游戏的显示结果

4.3.2 continue语句

continue 语句用于跳过循环体中剩余的代码,直接进入下一次循环的条件判断,并根据循环条件进行下一次循环的迭代。

案例 4-11: 7 的倍数报数小游戏。

依次输出 1—100,当数字为 7 的倍数时,输出"过"。

在"项目 04"文件夹中创建文件"eg0411.php",输入如下代码。

```
1    <?php
2    for ($i = 1; $i <= 100; $i++) {
3        if($i%7==0){
4            echo "过\t";
5            continue;
6        }
7        echo $i."\t";
8    }
9    ?>
```

该案例在浏览器中的显示结果如图 4-9 所示。

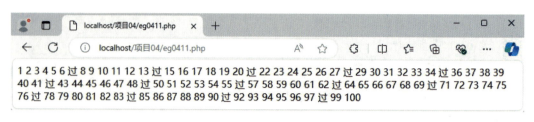

图4-9　7的倍数报数小游戏的显示结果

项目实践

任务1　闰年判断系统

任务分析

设计一个判断闰年的小系统，包括一个 HTML 表单用于输入年份，以及 PHP 脚本用于判断并输出该年份是否为闰年。

任务实施

步骤 1：打开 VS Code 编辑器，在"项目 04"文件夹中创建文件"ex0401.php"，根据实训要求编写相应代码。

步骤 2：创建一个 HTML 表单，用户可以在其中输入一个年份，并通过 POST 方法提交表单。当表单提交后，PHP 代码会处理输入的年份：

（1）通过 $_POST['year'] 获取用户输入的年份。

（2）使用 intval() 函数将输入转换为整数。

（3）使用 if-elseif-else 语句判断该年份是否为闰年。

（4）输出判断结果。

步骤 3：在浏览器中打开这个 HTML 页面，输入一个年份，然后点击"判断"按钮，验证页面是否正确展示该年份的判断结果。

具体代码如下：

```
1    <!DOCTYPE html>
2      <html lang="en">
3        <head>
4          <meta charset="UTF-8">
```

```
5        <title>判断闰年</title>
6    </head>
7    <body>
8        <!-- 年份输入表单 -->
9        <form action="" method="post">
10           <label for="year">请输入一个年份：</label>
11           <input type="number" id="year" name="year" required>
12           <input type="submit" value="判断">
13       </form>
14       <!-- 闰年判断结果 -->
15       <?php
16           // 检查表单是否提交
17           if ($_SERVER["REQUEST_METHOD"] == "POST" && isset($_POST['year'])) {
18               $year = intval($_POST['year']); // 获取并转换年份
19
20               // 判断闰年的逻辑
21               if ($year % 4 == 0 && $year % 100 != 0 || $year % 400 == 0) {
22                   echo "<p>" . $year . " 是闰年。</p>";
23               } else {
24                   echo "<p>" . $year . " 不是闰年。</p>";
25               }
26           }
27       ?>
28   </body>
29 </html>
```

在浏览器中访问 localhost/项目 04/ex0401.php，输入"2024"，然后点击"判断按钮"，页面显示结果如图 4-10 所示。

图4-10　判断闰年的显示结果

任务2 百钱买百鸡问题

任务分析

我国古代数学中,"百钱买百鸡"问题是一个经典的数学问题。假设一只公鸡价格为5元,一只母鸡价格为3元,三只小鸡价格为1元,问100元一共买100只鸡,可以买公鸡几只?母鸡几只?小鸡几只?

任务实施

步骤1:打开VS Code编辑器,在"项目04"文件夹中创建文件"ex0402.php",根据实训要求编写相应代码。

步骤2:编写PHP代码,使用两层嵌套的for循环来遍历公鸡和母鸡的所有可能组合;根据当前的公鸡和母鸡数量,计算出小鸡的数量;使用if语句检查当前的组合是否满足总价格等于100元的条件;如果满足条件,输出当前的公鸡、母鸡和小鸡的数量。

具体代码如下:

```
1   <?php
2     // 定义价格
3     $price_cock = 5; // 公鸡的价格
4     $price_hen = 3;  // 母鸡的价格
5     $price_chick = 1/3; // 小鸡的价格(1元买3只)
6     // 循环遍历公鸡的可能数量
7     for ($x = 0; $x <= 100; $x++) {
8       // 根据公鸡数量计算母鸡的数量范围
9       for ($y = 0; $y <= 100 - $x; $y++) {
10        // 计算小鸡的数量
11        $z = 100 - $x - $y;
12        // 检查是否满足价格条件
13        if (($x * $price_cock + $y * $price_hen + $z * $price_chick) == 100) {
14          echo "公鸡:{$x}只,母鸡:{$y}只,小鸡:{$z}只。<br>";
15        }
16      }
17    }
18  ?>
```

在浏览器中访问localhost/项目04/ex0402.php,页面显示结果如图4-11所示。

图4-11 百钱百鸡问题的显示结果

项目小结

本项目主要讲解了流程控制语句的相关知识，并且对算法和程序的控制结构进行了介绍最后通过实践项目，对本章内容进行综合实践，提升对基础知识的掌握和编程能力。需要重点掌握3种流程控制语句——条件控制语句、循环控制语句和跳转控制语句，在掌握流程控制语句的基础上，对程序的算法和控制结构应该有所了解，读者通过本项目的学习能够从宏观的角度去认识PHP语言，从整体上形成一个开发的思路，逐渐形成一种属于自己的编程思想和编程方法。本项目知识点思维导图如图4-12所示。

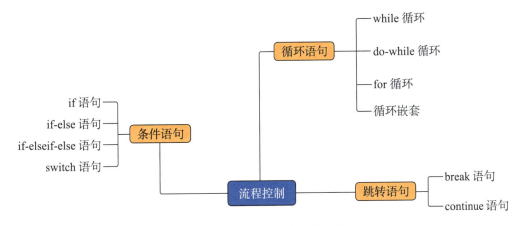

图4-12 项目4 知识点思维导图

成长驿站

成功并非终点，失败也并非致命。关键在于你是否拥有不断前行的勇气和决心。每一次学习都是一次成长，每一次努力都是一种积累。坚持下去，你会发现自己拥有无限的可能性。记住，路漫漫其修远兮，吾将上下而求索。相信自己，相信未来，努力学习，勇敢前行，你一定会收获美好的人生。加油！

项目实训

1. 实训要求

编写一个简单的学生成绩评级系统，实现根据输入的学生成绩判定并输出相应的成绩等级的功能。A:[90,100]；B:[80,90)；C:[70,80)；D:[60,70)；E:[0,60)；小于 0 或者大于 100，提示信息：值必须大于等于 0，小于等于 100。

运行程序后，在对应的表单里输入学生成绩，点击"评定等级"按钮，在浏览器中显示对应的成绩及等级，效果如图 4-13 所示。

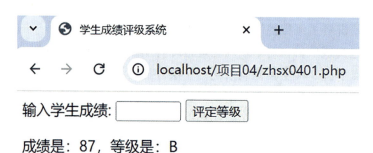

图4-13 学生成绩评级系统

2. 实训步骤

步骤 1：打开 phpStudy，在首页启动 Apache 服务器。

步骤 2：打开 VS Code 编辑器，在"项目 04"文件夹中创建文件"zhsx0401.php"，根据实训要求编写相应代码。简单提示：首先实现成绩输入表单；然后利用条件语句判定输入的成绩对应的等级。

步骤 3：在浏览器中访问 localhost/ 项目 04/zhsx0401.php，查看显示结果是否符合要求。

项目习题

一、填空题

1. 在 PHP 中，_____ 语句用于在条件为真时执行一段代码，如果条件为假，则执行另一段代码。

2. _____ 循环至少执行一次代码块，然后判断条件是否为真，以决定是否继续执行循环体。

3. 使用 _____ 语句可以跳出当前正在执行的循环。

4. _____ 循环用于遍历数组中的每个元素并执行相应的代码块。

二、判断题

1. switch 语句可以使用字符串作为条件进行判断。（正确/错误）
2. continue 语句用于立即终止循环的执行，并开始下一次循环的迭代。（正确/错误）

三、选择题

1. 下列哪个选项不是 PHP 中的循环语句？（　　）
   A. for　　　　B. while　　　　C. if　　　　D. foreach
2. 在 PHP 中，使用哪个关键字可以无条件地跳转到程序中的另一位置？（　　）
   A. break　　　B. continue　　　C. goto　　　D. exit

四、简答题

1. 简述 for 循环和 foreach 循环的主要区别。
2. 解释 PHP 中 switch 语句的工作原理。

五、编程题

1. 计算阶乘。

编写一个 PHP 程序来计算并返回一个给定数字的阶乘。阶乘表示所有小于或等于该数的正整数的乘积，记作 $N!$。

2. 检查是否为素数。

编写一个 PHP 函数，检查传入的参数是否为素数。如果是素数，返回 true；否则返回 false。

3. 生成斐波那契数列。

编写一个 PHP 程序，生成斐波那契数列的前 N 个数字。斐波那契序列中的每个数字是它前两个数字的和，序列的前两个数字是 0 和 1。

项目 5

学生成绩管理系统——函数

情景导入

通过前期的学习，林林已经初步掌握了一些 PHP 有关的基础知识，即将进行函数的学习和应用。前面的学习过程都比较顺利，这也增加了林林学习的动力和信心。e 点网络科技公司几位资深的工程师也看到了林林的热情和自信，纷纷提出了建议和帮助。函数是 PHP 中非常重要的一部分知识，需要深入理解并熟练掌握，且要求动手能力强，但是林林对本部分内容的学习充满信心。他深知，作为一名优秀的程序员，不仅要拥有过硬的技术能力，更要具备高尚的品德和正确的思想。他相信，在不断学习和实践的道路上，自己一定会成为一名真正的技术大拿。

项目目标

1. 知识目标

- 了解函数的概念和作用，理解函数在程序设计中的重要性。
- 熟悉函数的定义方式，包括函数名、参数列表和返回值、函数的作用域。
- 掌握函数的调用方法，了解如何在程序中使用函数完成特定任务。
- 理解函数的高级应用。
- 学习常见的内置函数的应用。

2. 技能目标

- 能够编写简单的函数，并正确地调用和使用这些函数。
- 能够设计灵活、可复用的函数，提高代码的可维护性和可扩展性。
- 能够利用函数实现模块化编程，将复杂任务分解成小模块处理，提高编程效率。
- 能够使用函数来解决实际问题，提高编程实践能力。

3. 素养目标

- 培养逻辑思维能力，通过函数的设计和调用锻炼解决问题的能力。
- 提高代码规范意识，养成良好的编程习惯，避免编写冗余和混乱的代码。

◆ 培养团队合作意识，能够与他人共同设计和使用函数，提高团队协作能力。
◆ 增强对程序设计的兴趣和热情，不断学习和探索新的函数应用方法，保持技术更新和创新意识。

知识准备

5.1 函数的定义与调用

5.1.1 认识函数

在编程中，函数是一段独立的代码块，旨在完成特定的任务。它可以接收输入值、处理这些值，并返回结果。函数的主要作用是提高代码的重用性、简化代码结构，并使得程序更容易理解和维护。开发人员根据实际功能需求定义的函数称为自定义函数。

代码重用：通过定义执行特定任务的函数，并在程序中多次调用该函数，可以避免代码的重复编写。

模块化：函数允许将复杂的大型程序分解成小的、管理得当的部分（或模块），使得程序结构更清晰，更易于开发和维护。

易于测试：函数有利于对程序的各个部分独立进行测试，从而有效地识别和修复错误。

抽象层次：函数提供了一个抽象层，允许开发者在不必关注实现细节的情况下使用它。

5.1.2 函数的创建与调用

1. 函数的创建

在 PHP 中，自定义函数的语法格式如下：

```
function functionName(参数1, 参数2, …)
{
    // 函数体
}
```

定义一个函数涉及指定函数名、可能的参数列表和函数体，自定义函数时使用关键字 function。函数名应描述函数所执行的操作，参数列表包含零个或多个参数，而函数体则包含完成任务所需的代码。

在定义函数时需要注意以下事项。

（1）定义函数时必须使用关键字 function。

（2）函数名与标识符命名规则相同，函数名必须唯一且不能重复。

（3）参数是外界传递给函数的值，它是可选的，如果是多个参数，各参数之间使用英文逗号","分隔。

（4）函数体是专门用于实现特定功能的代码。若想得到函数的处理结果，即函数的返回值，需要使用 return 关键字将需要返回的数据传递给调用者；如果没有 return 语句，函数默认返回 null。

2. 函数的调用

一旦定义了函数，就可以通过函数名和括号（内含参数，如果有的话）来调用它，示例代码如下。

```
1  //定义函数
2  function welcome()
3  {
4      echo "Hello, welcome to China!";
5  }
6  // 调用函数
7  welcome(); // 调用上面定义的welcome()函数，输出: Hello, welcome to China!
```

5.1.3 设置函数的参数

在 PHP 中，函数的参数是其定义的重要组成部分，它们提供了函数执行所需的输入数据。函数可以没有参数或接受多个参数，参数用于向函数传递数据。PHP 支持多种类型的参数定义方式，包括无参函数、有参函数、引用传参、设置参数默认值、指定参数类型和可变参数列表。下面将详细介绍这些不同的参数，并提供示例代码。

1. 无参函数

无参函数是最简单的函数形式，它不接受任何参数，不需要传递参数，函数体用于完成指定的功能，示例代码如下。

```
1  function sayHello()
2  {
3      echo "Hello, world!";
4  }
5  sayHello(); // 输出: Hello, world!
```

无参函数适用于不需要提供任何的数据即可以完成指定功能的情况。以上示例，定义了无参函数 sayHello()，该函数无须传递任何参数就可以输出"Hello, world!"。

2. 有参函数

有参函数可以接受一个或多个参数，参数在调用函数时提供，函数内部会根据用户传递的参数进行操作，示例代码如下。

```
1    function greet($name)
2    {
3        echo "Hello, $name!";
4    }
5    greet("Alice"); // 输出: Hello, Alice!
```

在调用有参函数时，必须使用参数。以上示例，定义了有参函数 greet()，需要传递参数"Alice"，才会输出"Hello, Alice!"。

3. 引用传参

在程序开发设计时，引用传参允许函数修改外部变量的值。引用传参的实现方式，即在参数前加上"&"符号表示引用传递，示例代码如下。

```
1    function addFive(&$number)
2    {
3        $number += 5;
4    }
5    $num = 2;
6    addFive($num);
7    echo $num; // 输出: 7
```

在上述示例中，将函数的参数设置为引用参数后，如果函数内修改了参数 $number 的值，则参数 $num 的值也会随之而变。

4. 设置参数默认值

函数参数可以有默认值，如果在调用函数时没有提供相应的参数，将使用默认值进行操作，示例代码如下。

```
1    function setLabel($label = "Default Label")
2    {
3        echo $label;
4    }
5    setLabel("New Label"); // 输出: New Label
6    setLabel(); // 输出: Default Label
```

以上示例中，调用函数 setLabel() 时，如果有参数传递，就使用新的参数值；如果没有参数传递，则按照默认值操作。

5. 指定参数类型

从 PHP 7 开始，在自定义函数时，可以指定函数参数的类型，这使得代码更加严谨，示例代码如下。

```
1  function sum(int $a, int $b)
2  {
3      return $a + $b;
4  }
5  echo sum(5, 3); // 输出：8
```

以上示例代码中，调用函数 sum() 时，如果传递的参数不是 int 类型，程序会将其强制转换为 int 类型再进行操作，这种方式为弱类型参数设置。根据实际需要，在程序设计中也可以设置参数为强类型参数，即当用户传递的参数类型不符合函数的定义要求时，程序会报错并显示提醒信息，示例代码如下。

```
1  declare(strict_types=1);
2  function sum(int $a, int $b)
3  {
4      return $a + $b;
5  }
6  echo sum(2.5, 3.3); // 启用了强类型参数模式，输出结果：Fatal error:
```

以上代码中，declare() 函数用于设定一段代码的执行指令，其中 strict_types=1 表示当前函数的参数设置为强类型参数设置。

在 PHP7 中不仅可以设置函数的参数类型，而且可以指定函数返回值的数据类型。常见的返回值类型有 int、float、string、bool、array 和 object 类型。下面通过代码演示如何设置函数返回值类型，示例代码如下。

```
1  declare(strict_types = 1);
2  function returnIntValue(int $value): int
3  {
4      return$value + 1.0;
5  }
6  echo returnIntValue(5);
```

上述代码设置的函数返回值为 int 类型，而函数实际返回的是一个 float 类型的数据，则程序会报 "Fatalerror: Uncaught TypeError: Return value of returnIntValue() must be of the type integer, float returned ..." 错误提示。因此，在定义函数时，指定函数返回值类型可以减少程序对调用函数返回值类型的判断，使函数的设置更加严谨。

6. 可变参数列表

在定义函数时，使用"..."操作符可以接受任意数量的参数，这些参数被视为一个数组，可以实现可变参数列表，示例代码如下。

```
1   function getSum(...$numbers)
2   {
3       $sum = 0;
4       foreach ($numbers as $n)
5       {
6           $sum += $n;
7       }
8       return $sum;
9   }
10  echo getSum(1, 2, 3, 4); // 输出: 10
11  echo getSum(1, 2, 3, 4, 5, 6); // 输出: 21
```

以上示例代码中，通过调用函数 getSum()，函数可以接受任意数量的参数，并且在函数体内可以通过 $numbers 数组来访问这些参数。

通过这些示例，我们可以看到 PHP 在函数参数方面提供了极大的灵活性，使得函数定义既严谨又具有适应性。在实际编程中，合理利用这些参数特性能够使代码更加清晰、易于维护。

5.1.4　函数的嵌套调用

在编程中，函数的嵌套调用和递归调用是两种常见的高级使用方式。它们允许开发者以更灵活和高效的方式处理复杂的问题。

1. 函数的嵌套调用

函数嵌套调用指的是在一个函数内部调用另一个函数。这种方式可以帮助我们进一步分解问题，使得每个函数完成一个单一的任务，增强了代码的可读性和可维护性。

案例 5-1：通过函数的嵌套调用计算两个数的平方和。

步骤 1：在 VS Code 中新建"项目 05"文件夹，用于存放本项目所有程序文件。在"项目 05"文件夹中创建一个文件，命名为"eg0501.php"，在该文件中输入如下代码。

```
1   <?php
2       function square($num)
3       {
4           return $num * $num;
5       }
6       function sumOfSquares($a, $b)
```

```
7      {
8          return square($a) + square($b);
9      }
10     echo sumOfSquares(3,4);
11  ?>
```

以上代码中，2~5 行代码定义了函数 square() 用于计算一个数的平方，6~9 行定义了函数 sumOfSquares() 用于计算两个数的平方和。调用函数 sumOfSquares() 求两个数的平方和，需要先调用函数 square() 分别求各个数的平方。此处，就是在函数 sumOfSquares() 中调用了函数 square()，即通过嵌套调用实现的。

步骤 2：打开浏览器，访问 localhost/ 项目 05/eg0501.php，显示结果如图 5-1 所示。

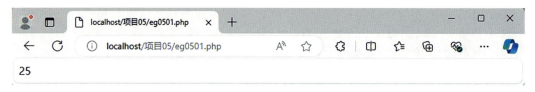

图5-1　函数的嵌套调用的显示结果

2. 函数的递归调用

递归调用是指函数直接或间接地调用自身的一种特殊形式。使用递归调用方式的函数被称为递归函数。递归可以非常有效地解决某些类型的问题，如遍历树结构、解决分治问题等。递归函数必须有一个明确的终止条件，以防无限递归导致栈溢出错误。下面的示例代码就是通过求 n 的阶乘来演示函数的递归调用。

案例 5-2：使用递归调用求 6 的阶乘。

步骤 1：在"项目 05"文件夹中创建一个文件，命名为"eg0502.php"，在该文件中输入如下代码。

```
1   <?php
2       function factorial($n) {
3           if ($n == 0) {
4               return 1; // 终止条件
5           } else {
6               return $n * factorial($n – 1); // 递归调用
7           }
8       }
9       echo factorial(6);
10  ?>
```

以上代码示例中，factorial() 函数用于计算一个数的阶乘。如果 $n 等于 0，函数返回 1（这是递归的终止条件）。否则，函数递归调用自身，$n 乘以 $n-1 的阶乘，直到 $n 减至 0。

步骤 2：打开浏览器，访问 localhost/项目 05/eg0502.php，显示结果如图 5-2 所示。

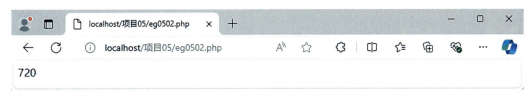

图5-2　递归调用的显示结果

函数的嵌套调用和递归调用是编写高效和优雅代码的重要技术。嵌套调用让我们能够构建层次清晰、职责分明的函数结构，而递归调用则为处理某些复杂问题提供了强大的工具。

5.2　函数高级应用

5.2.1　可变函数

可变函数是指函数的名称可以通过变量动态调用。可以将函数名称存储在一个变量中，并使用变量来调用函数，使得函数调用更加灵活。通常形式为一个变量名后添加一对圆括号"()"，让其变为一个函数的形式，程序会自动寻找与变量值同名的函数，并且执行。

案例 5-3：使用可变函数调用函数。

步骤 1：在"项目 05"文件夹中创建一个文件，命名为"eg0503.php"，在该文件中输入如下代码。

```
1    function sayHello()
2    {
3      echo "Hello, ";
4    }
5    $functionName = 'sayHello'; //定义变量，其值是函数的名称"sayHello"
6    $functionName();  // 利用可变变量定义函数，并输出 "Hello"，
```

在上述示例中，我们定义了一个函数 sayHello()，然后将其名称存储在变量 $functionName 中。接下来，使用可变函数的方式通过变量 $functionName 来调用函数 sayHello()。

步骤 2：打开浏览器，访问 localhost/ 项目 05/eg0503.php，显示结果如图 5-3 所示。

图 5-3　可变函数调用函数的显示结果

这里需要说明的是，变量的值可以是用户自定义的函数名称，也可以是 PHP 内置的函数名称，但是必须是实际存在的函数的名称，如上述示例中的 "sayHello"。

在实际编程时，使用可变函数可以增加程序的灵活性，但是滥用可变函数会降低 PHP 代码的可读性，使程序逻辑难以理解，给代码的维护带来不便，所以在编程过程中要尽量少用可变函数。

5.2.2　回调函数

回调函数是指将一个函数作为参数传递给另一个函数，并在需要时调用该函数。回调函数可以增强函数的灵活性，使其适应不同的需求。例如，在调用函数 A 时传入函数 B，使函数 B 被函数 A 调用，那么函数 B 就是一个回调函数。PHP 内置函数 call_user_func() 可以接受用户自定义的回调函数作为参数。

案例 5-4：使用回调函数进行数学计算。

步骤 1：在 "项目 05" 文件夹中创建一个文件，命名为 "eg0504.php"，在该文件中输入如下代码。

```php
<?php
function mathOperation($a, $b, $callback) {
    $result = $callback($a, $b);
    echo "Result: " . $result . "<br>";
}
function add($a, $b) {
    return $a + $b;
}
function subtract($a, $b) {
    return $a - $b;
}
mathOperation(5, 3, 'add');
mathOperation(10, 4, 'subtract');
?>
```

在上述示例中，我们定义了一个 mathOperation() 函数，它接受三个参数：两个数值和一个回调函数。在函数内部，通过调用回调函数来执行具体的数学操作，并将结果打印出来。然后，定义了两个回调函数 add() 和 subtract()，分别用于执行加法和减法运算。最后，通过 mathOperation() 函数调用这两个回调函数完成计算。

步骤 2：打开浏览器，访问 localhost/ 项目 05/eg0504.php，显示结果如图 5-4 所示。

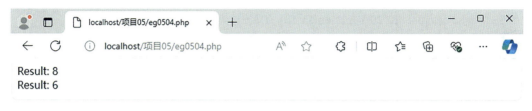

图5-4　回调函数进行数学计算的显示结果

5.2.3　匿名函数

匿名函数，也称为闭包函数，是一种没有名称的函数。匿名函数可以用作回调函数或在不需要命名函数时使用，具有灵活性和代码简洁性。特别是临时定义的函数，使用匿名函数无须考虑函数命名冲突的问题，示例代码如下。

```
1   $sum=function($x,$y)
2   {
3      return $x+$y;
4   };
5   echo $sum(12,21); // 输出33
```

在上述示例中，我们使用匿名函数创建了一个闭包函数，并将其赋值给变量 $sum。这个匿名函数接受参数 $x 和 $y，并打印出结果。然后，我们通过调用 $sum 变量来执行匿名函数，并传递参数 12 和 21。运行结果为 33。

在实际编程时，若要在匿名函数中使用外部的变量，使用 use 关键字来实现，示例代码如下。

```
1   $z=32;
2   $sum=function($x,$y) use($z)
3   {
4      return $x+$y+$z;
5   };
6   echo $sum(12,21); // 输出结果：65
```

以上示例代码中，声明匿名函数前定义了外部变量 $z，如果要在匿名函数中使用 $z，必须使用关键字 use() 的形式来引入，括号内即为要使用的外部变量名，当有多个外部变量时，需要在变量之间使用英文逗号隔开。

另外，匿名函数还可以作为函数的参数传递，实现回调函数，示例代码如下。

```
1   function calculate($a, $b, $func)
2   {
3       return $func($a, $b);
4   }
5   echo calculate(10, 20, function($a, $b)   //输出结果: 30
6   {
7       return $a + $b;
8   });
9   echo calculate(10, 20, function($a, $b)   //输出结果: 200
10  {
11      return $a *$b;
12  });
```

在上述代码中，calculate() 函数的第 3 个参数 $func 是一个回调函数，通过这种方式，可以将函数的一部分处理交给调用时传递的另一个函数，从而极大增强了函数的灵活性。

5.3　PHP的内置函数

对于一些常用的功能，除了自定义函数，PHP 还提供了许多内置函数，如字符串的截取、替换、分割等操作，常见的数学操作如求和、求平均等，获取时间及日期的操作，对数组的处理，以及文件的打开、关闭等操作都有对应的函数。

5.3.1　字符串处理函数

PHP 提供了丰富的字符串处理功能，字符串函数是 PHP 的内置函数，用于操作字符串，使字符串操作变得简单高效，在实际项目开发中有着非常重要的作用，常用的字符串函数如表 5-1 所示。以下是字符串常见的操作。

```
strlen($string);//返回字符串的长度
strpos($string, $substring);//查找子字符串在字符串中的位置
str_replace($search, $replace, $string);//替换字符串中的某部分
explode($delimiter, $string);//使用分隔符分割字符串为数组
implode($glue, $array);//将数组元素合并为一个字符串
```

表5-1 常用的字符串函数

函数名称	功能描述
strlen()	返回字符串的长度
strpos()	查找字符串内第一次出现的子字符串的位置
strrpos()	查找字符串内最后一次出现的子字符串的位置
str_replace()	替换字符串中的某些字符
substr()	返回字符串的一部分
strtoupper()	将字符串转换为大写
strtolower()	将字符串转换为小写
trim()	从字符串的两端去除空白字符（或其他字符）
ltrim()	从字符串的开头去除空白字符（或其他字符）
rtrim()	从字符串的结尾去除空白字符（或其他字符）
strcmp()	比较两个字符串（区分大小写）
strcasecmp()	比较两个字符串（不区分大小写）
strncasecmp()	前n个字符的字符串比较（不区分大小写）
substr_compare()	从指定的开始位置比较两个字符串

案例 5-5：字符串处理函数。

步骤1：在"项目05"文件夹中创建一个文件，命名为"eg0505.php"，在该文件中输入如下代码。

```
1   <?php
2     $string = "Hello, world! Welcome to PHP programming.";
3     $replacedString = str_replace("world", "PHP coder", $string); // 替换字符串中的内容
4     $array = explode(" ", $replacedString); // 分割字符串为数组
5     $mergedString = implode(" | ", $array); // 合并数组为字符串
6     echo $mergedString;
7     echo strlen($mergedString);
8   ?>
```

以上示例代码中使用str_replace()函数将字符串中的"world"替换为"PHP coder"；使用explode()函数以空格为分隔符将修改后的字符串分割成数组；使用implode()函数将上述数组的元素合并成一个新的字符串，元素之间用"|"分隔；使用strlen()函数获取对应字符串的长度。

步骤2：打开浏览器，访问localhost/项目05/eg0505.php，显示结果如图5-5所示。

图5-5 字符串处理函数的显示结果

5.3.2 日期和时间函数

日期和时间在应用程序中使用广泛，PHP 提供了许多强大的处理日期和时间的内置函数，以满足开发中的各种需求。例如，获取当前时间、解释时间字符串、时间转换、添加/减少时间、格式化时间显示等，通过这些内置函数，我们可以灵活处理各种格式的时间，熟练使用这些函数，在处理时间逻辑时可以事半功倍。表 5-2 是常用的日期和时间处理函数及其功能描述。

特别提醒：PHP 中通过 Unix 时间戳处理时间，Unix 时间戳定义了从格林尼治时间 1970 年 1 月 1 日 0 时 0 分 0 秒起至当前时间的总秒数。因此，1970 年 1 月 1 日零点也叫做 Unix 纪元。

表5-2 常用的日期与时间函数

函数名称	功能描述
time()	返回当前的 Unix 时间戳
date()	格式化一个本地时间/日期
gmdate()	根据 GMT/UTC 时间格式化一个日期
strftime()	根据区域设置格式化本地时间/日期
gmstrftime()	根据区域设置格式化 GMT/UTC 时间/日期
getdate()	返回日期/时间信息
gettimeofday()	返回当前时间
date_create()	返回一个新的 DateTime 对象
date_format()	返回按指定格式格式化的日期字符串
date_modify()	修改 DateTime 对象的日期/时间
date_add()	向 DateTime 对象添加时间
date_sub()	从 DateTime 对象减去时间
date_diff()	返回两个日期之间的差异
date_time_set()	设置 DateTime 对象的时间
date_date_set()	设置 DateTime 对象的日期

这里我们仅仅介绍几个最常用的日期与时间函数，其他的函数请大家根据需要自行学习并使用。

获取当前日期和时间：date($format) 根据指定格式返回当前日期和时间。

时间的格式化：date($format, $timestamp) 根据给定的时间戳和格式返回格式化的时间字符串。

案例 5-6：获取并格式化当前日期和时间。

步骤 1：在"项目 05"文件夹中创建一个文件，命名为"eg0506.php"，在该文件中输入如下代码。

```
1   <?php
2     $now = date("Y-m-d H:i:s"); // 获取当前日期和时间
3     $formattedDate = date("F j, Y, g:i a"); // 格式化时间
4     echo "Current DateTime: " . $now ."<br>";
5     echo "Formatted DateTime: " . $formattedDate;
6   ?>
```

以上示例代码中，使用 date() 函数获取当前日期和时间，并按照不同的格式进行格式化显示。

示例代码运行结果如图 5-6 所示（此结果将根据当前的日期和时间而变化）。

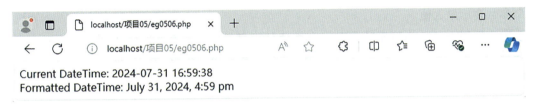

图5-6　获取并格式化当前日期和时间的显示结果示例

5.3.3　其他有用的内置函数

数学函数：PHP 提供了丰富的数学函数，极大地方便了开发人员处理程序中的数学运算。PHP 中常用的数学函数如表 5-3 所示。

表5-3　常用的数学函数

函数名称	功能描述	函数名称	功能描述
abs()	返回数的绝对值	sin()	计算正弦
ceil()	向上舍入为最接近的整数	cos()	计算余弦
floor()	向下舍入为最接近的整数	tan()	计算正切
round()	对浮点数进行四舍五入	pow()	计算数的指数表达式
rand()	生成一个随机整数	sqrt()	计算平方根
mt_rand()	使用 Mersenne Twister 算法生成更好的随机数	log()	计算自然对数
max()	找出最大值	log10()	计算以 10 为底的对数
min()	找出最小值	pi()	获取圆周率值
is_finite()	检测值是否为有限值	is_infinite()	检测值是否为无限值

让我们通过以下示例代码，更好地理解数学函数的使用。

```
1   echo abs(-3.2);      //输出结果：3.2
2   echo ceil(4.2);      //输出结果：5
3   echo floor(5.6);     //输出结果：5
```

```
4     echo fmod(3.75, 1.5);      //输出结果: 0.75
5     var_dump(is_nan(12));      //输出结果: bool(false)
6     echo max(2, 4, 6, 7, 9);   //输出结果: 9
7     echo min(1, 3, 6, 8, 9);   //输出结果: 1
8     echo pow(2, 2);            //输出结果: 4
9     echo sqrt(4);              //输出结果: 2
10    echo round(8.4);           //输出结果: 8
11    echo rand(1, 20);          //随机输出1到20间的整数
```

在上述示例中，fmod()函数求除法的浮点数余数，余数的计算方式为 2×1.5+0.75=3.75，得出余数为 0.75；rand()函数的参数表示随机数的范围，第 1 个参数表示最小值，第 2 个参数表示最大值。

掌握以上这些内置函数，可以有效地处理字符串、日期和时间等数据，同时也能够进行数学计算操作，极大地增强 PHP 编程的能力和灵活性。

项目实践

任务1　学生成绩管理系统

任务分析

该系统旨在创建一个简单的学生成绩管理系统，使用嵌套调用函数来实现对学生成绩的录入、查询和统计分析。

任务实施

系统实现过程及具体步骤如下。

步骤一：创建一个名为"addStudentGrade"的函数，用于录入学生成绩信息，包括学生姓名、科目和成绩。

步骤二：创建一个名为"calculateAverageGrade"的函数，用于计算学生的平均成绩。

步骤三：创建一个名为"showStudentInfo"的函数，用于展示学生的成绩信息。

步骤四：在 showStudentInfo() 函数内部，调用 calculateAverageGrade() 函数来计算并显示学生的平均成绩。

具体代码如下：

```
1     <?php
2     // 学生成绩管理系统
```

```php
3      // 录入学生成绩
4      function addStudentGrade($name, $subject, $grade) {
5          // 将学生成绩信息存储到数据库或文件中
6          echo "{$name}的{$subject}科目成绩为：{$grade}<br>";
7      }
8      // 计算平均成绩
9      function calculateAverageGrade($grades) {
10         $average = array_sum($grades) / count($grades);
11         return $average;
12     }
13     // 展示学生成绩信息
14     function showStudentInfo($name, $grades) {
15         echo "<h2>{$name}的成绩信息</h2>";
16         foreach ($grades as $subject => $grade) {
17             echo "{$subject}科目成绩：{$grade}<br>";
18         }
19         $average = calculateAverageGrade($grades);
20         echo "平均成绩：{$average}";
21     }
22     / 学生成绩录入
23     addStudentGrade('张三', '数学', 85);
24     addStudentGrade('张三', '语文', 78);
25     // 学生成绩展示
26     $zhangsan_grades = array('数学' => 85, '语文' => 78);
27     showStudentInfo('张三', $zhangsan_grades);
28  ?>
```

在浏览器中访问 localhost/项目05/chengjiguanli.php，页面显示结果如图5-7所示。

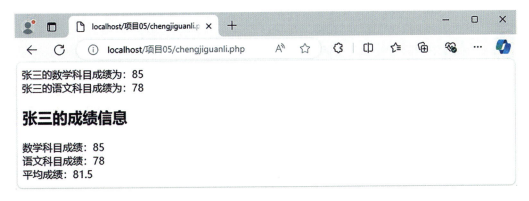

图5-7 成绩管理系统的显示结果

任务2 学生成绩管理系统升级版

任务分析

该任务在任务1学生成绩管理系统的基础上，将 HTML 表单代码和 PHP 处理文件分离，并且增加使用内置函数 $_POST 等。在 HTML 表单中，可以通过设置 <form> 元素的 "action" 属性来指定表单数据提交的目标地址，当用户提交表单时，数据会被发送到指定的 "action" 地址进行处理。在服务器端，可以通过 PHP 脚本来处理这些提交的数据，进行相应的操作，比如存储到数据库中或者返回处理结果给用户。

输入学生信息：包括学生姓名、学号、课程成绩等，不再是固定的输入数据，而是可以从表单进行输入，提交后使用 PHP 脚本进行处理数据。

任务实施

步骤1：创建 HTML 表单文件 xsglxt.html。

```
1   <!DOCTYPE html>
2   <html>
3     <head>
4       <meta charset="UTF-8">
5       <title>学生成绩管理系统</title>
6     </head>
7     <body>
8       <h2>输入学生成绩</h2>
9       <form method="post" action="process.php">
10        <label for="name">姓名：</label>
11        <input type="text" name="name" required><br>
12        <label for="id">学号：</label>
13        <input type="text" name="id" required><br>
14        <label for="score1">科目1成绩：</label>
15        <input type="number" name="score1" required><br>
16        <label for="score2">科目2成绩：</label>
17        <input type="number" name="score2" required><br>
18        <input type="submit" value="提交">
19      </form>
20    </body>
21  </html>
```

输入界面运行结果如图 5-8 所示。

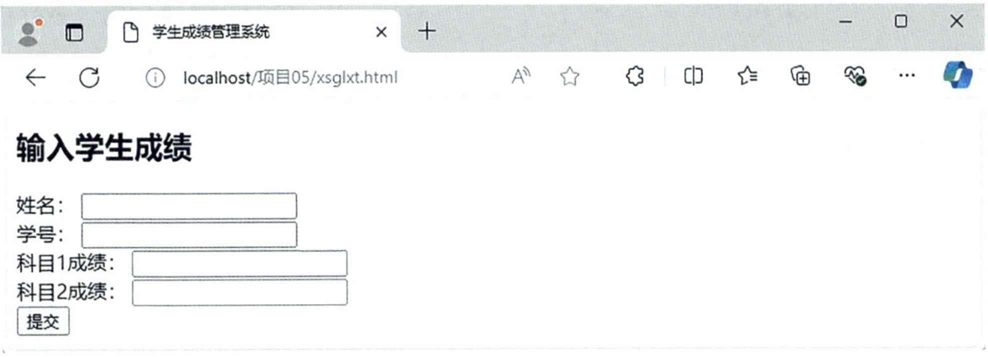

图5-8　成绩管理系统升级后输入界面的显示结果

步骤 2：创建 PHP 脚本文件 process.php。

```php
1   <?php
2     function calculateAverage($score1, $score2) {
3       return ($score1 + $score2) / 2;
4     }
5     $name = $_POST['name'];
6     $id = $_POST['id'];
7     $score1 = $_POST['score1'];
8     $score2 = $_POST['score2'];
9     $averageScore = calculateAverage($score1, $score2);
10    echo "姓名：$name<br>";
11    echo "学号：$id<br>";
12    echo "平均成绩：$averageScore<br>";
13    if ($averageScore >= 90) {
14    echo "恭喜你，平均成绩优秀，树立了良好的学习榜样！";
15    } elseif ($averageScore >= 60) {
16      echo "继续努力，争取更好的成绩！";
17    } else {
18      echo "成绩较低，需要加倍努力！";
19    }
20  ?>
```

通过 HTML 表单页面，输入数据：姓名、学号、科目 1 成绩、科目 2 成绩，单击"提交"按钮即可。示例：（张三，2023320012002，80，90），提交后，输出数据如图 5-9 所示。

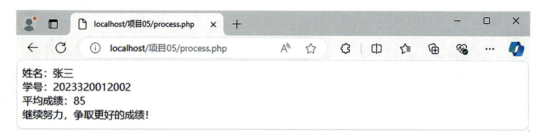

图5-9 成绩管理系统升级后提交数据的显示结果

项目小结

本项目首先介绍了函数的基本使用方法,包含函数的定义和调用方法,如何创建函数,设置函数参数的几种常用方式,以及函数变量的作用域以及函数的嵌套调用、递归调用;对函数的高级应用进行了讲解;也介绍了程序开发中常用的内置函数及其使用方式。通过对本部分内容的学习,能达到基本掌握函数的具体使用方法。本项目知识点思维导图如图5-10所示。

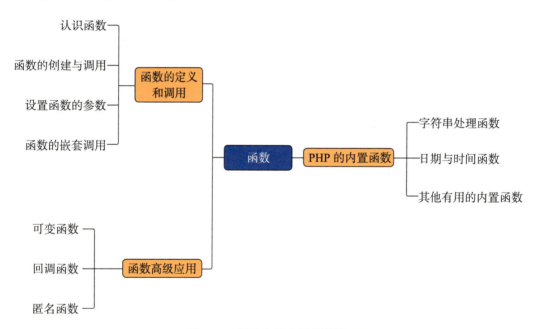

图5-10 项目5知识点思维导图

成长驿站

保持饥渴的学习态度和一往无前的勇气,永远不要满足于现状,要不断学习和探索新的知识,这样才能不断进步和成长。

在学习的过程中，要敢于尝试新的方法和技术，不怕犯错和失败，因为唯有不断尝试和创新，才能取得突破和成功。

项目实训

1. 实训要求

编写函数计算居民每月用电的金额。根据电量分档和分档电价计算。

居民用户用电量以月为周期划分三档，电价分档递增，具体信息如下。

（一）电量分档

第一档电量为月用电量 180kW·h 以下。

第二档电量为月用电量 180kW·h 至 350kW·h。

第三档电量为月用电量 350kW·h 以上。

（二）分档电价

第一档电量 0.60 元 /kW·h。

第二档电量 0.65 元 /kW·h。

第三档电量 0.90 元 /kW·h。

2. 实训步骤

步骤 1：创建计算电费的函数，参数为使用的电量，返回值为电费。

步骤 2：输入月使用电量，调用计算电费的函数。

步骤 3：输出月使用电费。

项目习题

一、填空题

1. PHP 函数可以通过关键字 _____ 来定义。

2. 函数可以通过 _____ 和参数列表来调用。

3. PHP 预定义函数 _____ 可以用于获取字符串的长度。

4. 参数可以有 _____ 值。

5. 在函数内部，使用关键字 _____ 可以访问全局变量。

二、选择题

1. PHP 函数的关键字是什么？（　　）

    A. func   B. def

    C. function   D. proc

2.PHP 函数可以返回多个值吗？（   ）

　　A. 是

　　B. 否

3. 下面哪个不是 PHP 预定义函数？（   ）

　　A. strlen()

　　B. count()

　　C. myFunction()

　　D. explode()

4. 在 PHP 中，全局变量可以在函数内部直接访问吗？（   ）

　　A. 可以

　　B. 不可以

5. 递归函数是指什么？（   ）

　　A. 一个没有参数的函数

　　B. 一个可以调用其他函数的函数

　　C. 一个可以调用自身的函数

　　D. 一个只有一个返回值的函数

三、判断题

1. PHP 函数只能返回一个值。（   ）

2. 递归函数是指一个函数可以调用自身。（   ）

3. PHP 函数必须在函数调用之前定义。（   ）

4. 函数在 PHP 中是可选的，可以直接写代码块。（   ）

5. PHP 的预定义函数是事先由开发人员定义好的函数。（   ）

项目 6

学生期末成绩处理系统——PHP数组

情景导入

经过这几天废寝忘食的学习，林林感觉知识在不断充实，编程技能在逐步提高，对即将开启的项目 6 的学习充满了信心。通过对项目 6 整体分析，林林感觉排序算法和二维数组比较困难，是本项目的两大难点。林林决定挑战难度，不但要熟练掌握这两大难点，还要开发一个学生期末成绩处理程序，在这个程序中他要使用简单选择算法对二维数组进行排序，还要应用项目 2 所学的 HTML+CSS 技术输出一个精美的学生期末成绩表。

项目目标

1. 知识目标

- ◆ 了解数组的概念和分类。
- ◆ 掌握数组的各种创建方法。
- ◆ 掌握数组和数组元素的访问方法。
- ◆ 掌握数组元素的遍历方法。
- ◆ 掌握一维数组的排序算法。

2. 技能目标

- ◆ 能使用多种方法创建一维数组和二维数组。
- ◆ 能使用 for 循环和 foreach 循环对数组进行遍历。
- ◆ 能使用冒泡法和简单选择法对一维数组进行排序。

3. 素养目标

- ◆ 培养不惧艰险、迎难而上的进取精神。
- ◆ 培养注重细节、精益求精的工匠意识。

知识准备

6.1 认识数组和数组类型

6.1.1 数组是什么

当我们要存储一个数列，例如一个学生多门课程的成绩，或者一个员工的档案信息，如果使用普通变量的话，则每种情况都需要定义一连串的变量，这样做非常麻烦，而且容易出错。对于这些情况，最好的方法是使用数组进行存储。

在 PHP 中，数组就是可以存储一组或一系列数据的变量，属于复合数据类型。这个变量称为数组名，其中存储的每一个数据称为数组元素。

数组由若干个数组元素组成，每个数组元素包含一个键（key）和一个值（value），如图 6-1 所示。其中，"键"为元素的识别名称，也称为数组的下标，"值"为元素的存储内容，通过键可以访问相对应的数组元素的值。

图6-1 数组的键和值

在 PHP 中，数组元素值的类型没有任何限制，同一数组各元素值的类型可以相同，也可以不同，每个数组元素的值可以是任何数据类型，包括数组和对象。

6.1.2 数组类型

1. 索引数组与关联数组

在 PHP 中，数组键的类型有整数和字符串两种，根据键的类型可以将数组分为索引数组和关联数组。

（1）索引数组。若一个数组的键为整数则该数组称为索引数组。索引数组的键默认从 0 开始，以步长 1 自动递增，即 0、1、2、3…，如图 6-2 所示。当然，索引数组的键也可以在创建时由用户自己指定，如图 6-3 所示。

图6-2 使用默认键的索引数组　　图6-3 使用自定义键的索引数组

（2）关联数组。若一个数组的键为字符串则该数组称为关联数组。关联数组元素的键与值之间有一定的逻辑关系，所以使用关联数组可以存储一系列具有逻辑关系的数据。如存储一位学生多门课程成绩的关联数组，其键和值如图6-4所示。

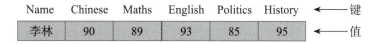

图6-4 用关联数组存放学生各科成绩

一个关联数组的键可以全部是字符串，也可以是字符串和整数的混合。

注意：数组的键全部为整数，则该数组为索引数组；只要有一个键为字符串，则该数组为关联数组。

2. 一维数组、二维数组和多维数组

如果数组元素的值也是数组则称为数组的嵌套，按数组嵌套层次可将数组分为一维数组、二维数组和多维数组。

（1）一维数组。如果一个数组的所有元素的值均为普通值（非数组），即没有数组嵌套，那么该数组为一维数组，如图6-2、图6-3、图6-4所示的数组均为一维数组。

（2）二维数组。如果一个数组的全部或部分元素的值为一维数组，即存在一层数组嵌套，那么该数组为二维数组。二维数组可理解为元素值为一维数组的数组，如图6-5所示。

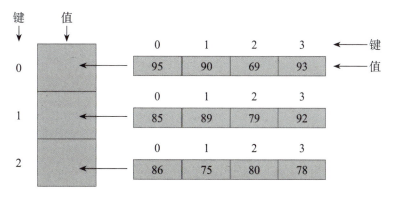

图6-5 二维数组元素的值为一维数组

（3）多维数组。如果一个数组的全部或部分元素的值为二维数组，即存在二层数组嵌套，那么该数组为三维数组。三维数组可理解为元素值为二维数组的数组。四维和更多维数组依次类推。

6.2 创建数组

在 PHP 中，可以创建一维、二维及多维数组，可以创建索引数组和关联数组，在创建数组时无须提前声明，也无须指定数组大小，在同一数组中可以存储不同类型的数据。

创建数组有三种方式，依次为直接赋值方式、array() 函数方式和短数组方式。

6.2.1 直接赋值方式

通过直接为数组的各元素逐个赋值的方法创建数组，语法格式如下：

$数组名[键]=值；

其中键可以为整数或字符串，也可以省略，当键省略时，默认键为从0开始的连续自然数。

1. 创建索引数组

创建数组时，如果数组的所有元素全部未指定键，或者指定的键全部为整数，那么将创建一个索引数组。

案例 6-1：使用直接赋值方式创建两个索引数组。

步骤1：在 VS Code 中新建"项目 06"文件夹，用于存放本项目所有程序文件。在"项目 06"文件夹中创建一个文件，命名为"eg0601.php"，在该文件中输入如下代码。

```php
1    <?php
2        $nums[]=95;      //创建数组$nums
3        $nums[]=90;
4        $nums[]=69;
5        $nums[]=93;
6        print_r($nums);  //输出数组$nums
7        echo "<br/>";
8        $books[1]="php"; //创建数组$books
9        $books[3]="jsp";
10       $books[5]="asp";
11       $books[7]="html";
12       print_r($books); //输出数组$books
13   ?>
```

说明：第 2—5 行创建数组 $nums，该数组有四个元素，键依次为 0、1、2、3；第

8—11 行创建数组 $books，该数组有四个元素，键依次为 1、3、5、7。

步骤 2：打开浏览器，访问 localhost/ 项目 06/eg0601.php，显示结果如图 6-6 所示。

图6-6　创建两个索引数组的显示结果

2. 创建关联数组

关联数组是一种具有特殊索引方式的数组。不仅可以通过整数来索引它，还可以使用字符串或者其他类型的值（除了 null）来索引它。

创建数组时，如果指定的键为字符串，那么将创建一个关联数组。

案例 6-2：使用直接赋值方式创建关联数组。

在"项目 06"文件夹中创建文件"eg0602.php"，输入如下代码。

```
1    <?php
2        $score["name"]="李林";
3        $score["Chinese"]=90;
4        $score["maths"]=89;
5        $score["English"]=93;
6        $score["Politics"]=85;
7        $score["history"]=95;
8        print_r($score);
9    ?>
```

说明：第 2—7 行通过逐个赋值方式创建关联数组 $score，该数组有 6 个元素，键均为与值有逻辑关系的字符串。

该案例在浏览器中的显示结果如图 6-7 所示。

图6-7　创建关联数组的显示结果

3. 创建二维数组

用直接赋值方式创建二维数组同样需要对各元素逐个赋值，而且需要用 2 个键来指定数组元素，语法格式如下：

$数组名[键1][键2]=值;

案例 6-3：使用直接赋值方式创建二维数组。

在"项目 06"文件夹中创建文件"eg0603.php"，输入如下代码。

```
1    <?php
2        $st_scores[0][0]=95; $st_scores[0][1]=90; $st_scores[0][2]=69; $st_scores[0][3]=93;
3        $st_scores[1][0]=85; $st_scores[1][1]=89; $st_scores[1][2]=79; $st_scores[1][3]=92;
4        $st_scores[2][0]=86; $st_scores[2][1]=75; $st_scores[2][2]=80; $st_scores[2][3]=78;
5        print_r($st_scores);
6    ?>
```

说明：第 2—4 行创建二维数组 $st_score，该数组包含 3 个一维数组，即 $st_score[0]、$st_score[1] 和 $st_score[2]，每个一维数组均由 4 个元素组成，第 2 行为一维数组 $st_score[0] 的 4 个元素赋值，第 3 行为一维数组 $st_score[1] 的 4 个元素赋值，第 4 行为一维数组 $st_score[2] 的 4 个元素赋值。

该案例在浏览器中的显示结果如图 6-8 所示。

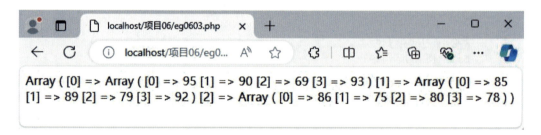

图6-8　创建二维数组的显示结果

6.2.2　array()函数方式

使用 array() 函数创建数组的语法格式如下：

$数组名=array(键1=>值1 , 键2=>值2 , … 键n-1 = > 值n-1);

说明：格式中的键可以是整数或者字符串，也可以省略，值可以是任意类型。

1. 创建索引数组、关联数组和混合键数组

使用 array() 函数创建数组时，若指定的键全部为整数或者键全部省掉时，将创建一个索引数组。

当键全部省掉，只需依次列出各元素值即可，此时，默认键为从0开始的连续自然数，格式如下。

$数组名=array(值1,值2,…,值n-1);

若指定的键为字符串，将创建一个关联数组，关联数组的键和值之间有一定的逻辑关系。

当指定的键是整数、字符串和默认键（键省掉）的混合时称为混合键数组，此时默认键为前面已经用过的最大数字键+1。

案例6-4：使用array()函数创建索引数组、关联数组和混合键数组。

在"项目06"文件夹中创建文件"eg0604.php"，输入如下代码。

```
1   <?php
2       $nums=array(95,90,69,93);
3       print_r($nums); echo "<br/>";
4       $sporter=array(17=>"李林",15=>"赵明",20=>"王芳");
5       print_r($sporter); echo "<br/>";
6       $st_score=array("name"=>"李林","Chinese"=>90,"maths"=>89,"English"=>93);
7       print_r($st_score); echo "<br/>";
8       $test=array(4=>65,102,"tin"=>9,1=>5,"abc",0=>"zero");
9       print_r($test);
10  ?>
```

说明：第2行创建索引数组$nums，使用默认键0、1、2、3；第4行创建索引数组$sporter，指定键依次为17、15、20；第6行创建关联数组$st_score，键均为与对应值有逻辑关系的字符串；第8行创建一个混合键数组$test，其第1个元素指定键为4，第2个元素默认键为前面已经使用的最大整数键4加1为5，同理第5个元素默认键为6，故该数组的键依次为4、5、"tin"、1、6、0。

该案例在浏览器中的显示结果如图6-9所示。

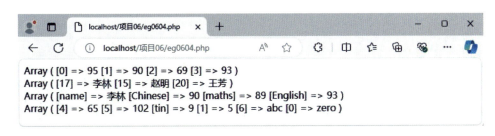

图6-9　使用array()函数创建数组的显示结果

2. 创建二维数组

二维数组是包含多个一维数组的数组，所以创建二维数组需要在array()函数中包含多个 array() 函数，为了使代码更清晰通常把内嵌的一维数组分行书写，即每个内嵌一维数组占一行且对齐。

案例 6-5：使用 array() 函数创建二维数组。

在"项目 06"文件夹中创建文件"eg0605.php"，输入如下代码。

```php
1   <?php
2   $st_score=array( array("李林",78,79,80),
3                    array("赵明",81,82,83),
4                    array("王芳",85,86,87));
5   echo '$st_score[0] : ';print_r($st_score[0]);
6   echo "<br/>";
7   echo '$st_score[1] : ';print_r($st_score[1]);
8   echo "<br/>";
9   echo '$st_score[2] : ';print_r($st_score[2]);
10  echo "<br/>";
11  ?>
```

说明：第 2—4 行定义二维数组 $st_score，该数组有 3 个元素，每个元素均为包含 4 个元素的一维数组；为了使输出的二维数组更直观，这里用 3 个 print_r() 函数逐个输出二维数组的 3 个元素（即 3 个一维数组），第 5 行输出第 1 个一维数组 $st_score[0]，第 7 行输出第 2 个一维数组 $st_score[1]，第 9 行输出第 3 个一维数组 $st_score[2]。

该案例在浏览器中的显示结果如图 6-10 所示。

图6-10　使用array()函数创建二维数组的显示结果

6.2.3　短数组方式

短数组方式就是使用"[]"创建数组，其语法格式及功能与 array() 函数完全相同，只需用"[]"替换 array() 即可。

案例 6-6：用短数组方式（[]）创建案例 6-4 中的数组。

在"项目 06"文件夹中创建文件"eg0606.php"，输入如下代码。

```php
1   <?php
2   $nums=[95,90,69,93];
3   print_r($nums); echo "<br/>";
```

```
4    $sporter=[17=>"李林",15=>"赵明",20=>"王芳"];
5    print_r($sporter); echo "<br/>";
6    $st_score=["name"=>"李林","Chinese"=>90,"maths"=>89,"English"=>93];
7    print_r($st_score); echo "<br/>";
8    $test=[4=>65,102,"tin"=>9,1=>5,"abc",0=>"zero"];
9    print_r($test);
10   ?>
```

该案例在浏览器中的显示结果与案例 6-4 相同。

案例 6-7：用短数组方式（[]）创建案例 6-5 中的数组。

在"项目 06"文件夹中创建文件"eg0607.php"，输入如下代码。

```
1    <?php
2    $st_score=[ ["李林",78,79,80], ["赵明",81,82,83], ["王芳",85,86,87] ];
3    echo '$st_score[0] : ';print_r($st_score[0]);
4    echo "<br/>";
5    echo '$st_score[1] : ';print_r($st_score[1]);
6    echo "<br/>";
7    echo '$st_score[2] : ';print_r($st_score[2]);
8    echo "<br/>";
9    ?>
```

该案例在浏览器中的显示结果与案例 6-5 相同。

6.3　访问数组

6.3.1　访问数组元素

使用键可以访问数组中的某个元素，访问一维数组某个元素的格式为：$ 数组名 [键]，访问二维数组某个元素的格式为：$ 数组名 [键 1][键 2]。

案例 6-8：访问数组中的某个元素。

在"项目 06"文件夹中创建文件"eg0608.php"，输入如下代码。

```
1    <?php
2    $nums=[95,90,69,93];
3    $scor1=["name"=>"李林","Chinese"=>90,"maths"=>89,"English"=>93];
4    $scor2=[ ["李林",78,79,80], ["赵明",81,82,83], ["王芳",85,86,87] ];
5    echo $nums[1];   //访问数组$nums第2个元素的值
6    echo "<br/>".$nums[3];   //访问数组$nums第4个元素的值
```

```
7       echo "<br/>".$scor1['name'];    //访问键为name的元素的值
8       echo "<br/>".$scor1['maths'];   //访问键为maths的元素的值
9       echo "<br/>".$scor2[1][0];      //访问第2行第1个元素的值
10      echo "<br/>".$scor2[1][2];      //访问第2行第3个元素的值
11  ?>
```

说明：第 2—4 行定义 3 个数组，第 5—10 行输出这 3 个数组指定元素的值。

该案例在浏览器中的显示结果如图 6-11 所示。

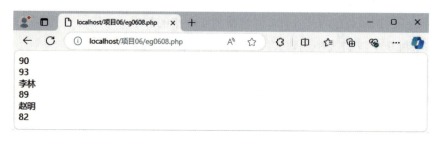

图6-11　访问数组元素的值

6.3.2　访问整个数组

如果要一次访问某个数组的所有元素，那么可以使用 print_r() 函数或者 var_dump() 函数。使用这两个函数输出数组时可以借助 pre 标签实现按预定格式输出。二者也有一些不同，print_r() 函数仅输出各数组元素的键和值，而 var_dump() 函数除了输出数组元素的键和值之外，还会输出数组元素的总个数和值的类型。

案例 6-9：分别使用 print_r() 和 var_dump() 函数输出同一数组。

在"项目 06"文件夹中创建文件"eg0609.php"，输入如下代码。

```
1   <?php
2       $nums=[95,90,69,93];
3       echo '用print_r()输出数组$nums';
4       echo "<pre>";
5       print_r($nums);
6       echo "</pre>";
7       echo '用var_dump()输出数组$nums';
8       echo "<pre>";
9       var_dump($nums);
10      echo "</pre>";
11  ?>
```

说明：pre 标签定义预格式化的文本，被 <pre> 和 </pre> 包围的文本会保留空格和换行符。

该案例在浏览器中的显示结果如图6-12所示。

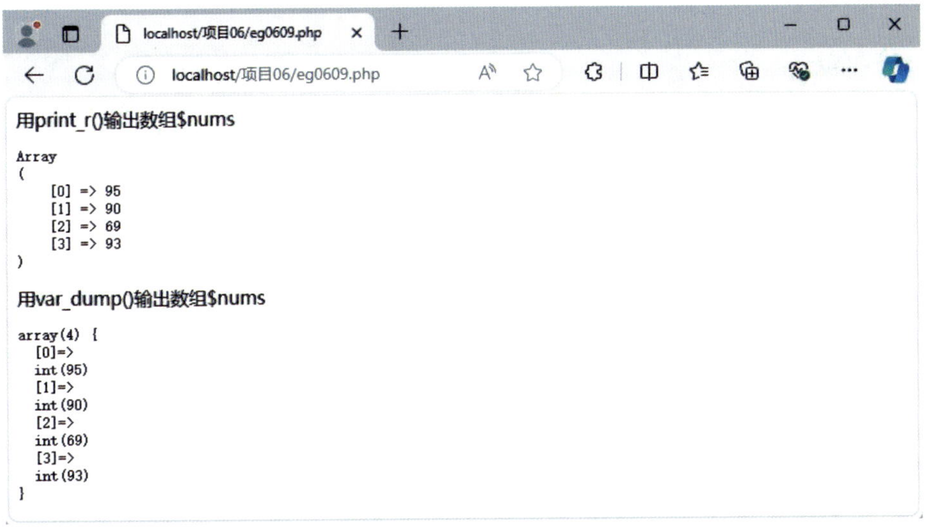

图6-12　使用print_r()和var_dump()输出数组

6.3.3　遍历数组

如果要对数组中的每个元素进行指定的操作，可以利用循环对数组遍历。在PHP中遍历数组通常使用for循环或者foreach循环来完成。

1. 使用for循环遍历

for循环只能用于数字索引数组的遍历,最适合使用默认键（从0开始的连续自然数）的数组。首先定义循环控制变量 $i，$i 初值为 0，然后使用 count() 函数计算数组元素总个数，若 $i 小于数组元素总个数就执行循环，否则就结束循环。语法格式一般为：

```
for($i=0;$i<count($数组名);$i++){
    …        //对数组元素进行操作
}
```

若要遍历二维数组则需要使用 for 循环嵌套，外层 for 循环用变量 $i 控制对每个一维数组的访问，内层 for 循环用变量 $j 控制对一维数组每个元素的访问，语法格式一般为：

```
for($i=0;$i<count($数组名);$i++){
    for($j=0;$j<count($数组名[$i]);$j++){
        …        //对数组元素进行操作
    }
}
```

案例 6-10：使用 for 循环遍历一维数组和二维数组。

在"项目 06"文件夹中创建文件"eg0610.php"，输入如下代码。

```
1   <?php
2       $nums=[95,90,69,93];
3       $scor=[["李林",78,79,80],["赵明",81,82,83],["王芳",85,86,87]];
4       echo "遍历一维数组：<br/>";
5       for($i=0;$i<count($nums);$i++){
6       echo $nums[$i]."  ";
7       }
8       echo "<br/>遍历二维数组：<br/>";
9       for($i=0;$i<count($scor);$i++){
10        for($j=0;$j<count($scor[$i]);$j++){
11          echo $scor[$i][$j]."  ";
12        }
13        echo "<br/>";
14      }
15  ?>
```

说明：第 5—7 行用 for 循环遍历一维数组 $nums，依次输出该数组每个元素的值；第 9—12 行用嵌套 for 循环遍历二维数组 $scor，count($scor) 为该二维数组包含的一维数组总个数，count($scor[$i]) 为每个一维数组包含的元素总个数，" "为空格符。

该案例在浏览器中的显示结果如图 6-13 所示。

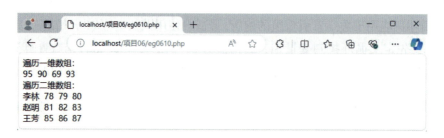

图6-13 遍历一维数组和二维数组的显示结果

2. 使用 foreach 循环遍历

使用 foreach 循环遍历数组时，可以遍历索引数组和关联数组。foreach 循环的语法格式如下：

```
foreach($数组名 as $key=>$value){
    …            //进行操作的代码
}
```

说明：$key 和 $value 也可以是任何其他合法变量。$key 和 $value 首先取得第 1 个数组元素的键和值，执行循环体内的操作代码，然后取得下一个数组元素的键和值，执行循环体内的操作代码，依次类推，直到最后一个数组元素处理完成后结束循环。

foreach 循环格式中获得键的变量 $key 可以省掉，此时只能通过变量 $value 获得每个数组元素的值，格式如下：

```
foreach($数组名 as $value){
    …                    //进行操作的代码
}
```

案例 6-11：使用 foreach 循环遍历数组。

在"项目 06"文件夹中创建文件"eg0611.php"，输入如下代码。

```
1   <?php
2   $scor=["name"=>"李林","Chinese"=>90,"maths"=>89,"English"=>93];
3   echo "使用foreach访问每个数组元素的键和值：<br/>";
4   foreach($scor as $key=>$value){
5       echo $key." : ".$value."<br/>";
6   }
7   echo "使用foreach访问每个数组元素的值：<br/>";
8   foreach($scor as $value){
9       echo $value."<br/>";
10  }
11  ?>
```

说明：第 4—6 行使用 foreach 循环遍历数组 $scor，用 $key 和 $value 分别获得每个数组元素的键和值；第 8—10 行同样遍历数组 $scor，但只有变量 $value，所以只能获得每个数组元素的值。

该案例在浏览器中的显示结果如图 6-14 所示。

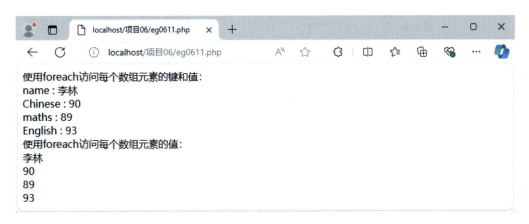

图6-14　使用foreach遍历数组的显示结果

6.4 使用算法对一维数组排序

对一维数组排序的算法较多，如冒泡法、简单选择法、快速排序、插入排序等，本任务将利用冒泡法和简单选择法实现对一维数组排序。

6.4.1 使用冒泡法排序

冒泡法排序是通过依次比较数组中相邻两个元素的值，将较小或较大的元素前移，从而实现数组元素的升序或降序排列。

例如，使用冒泡法将数组（95，75，67，89，60，82）从小到大（升序）排列。该数组一共6个元素，需要进行5轮比较，每轮的比较过程如图6-15所示。

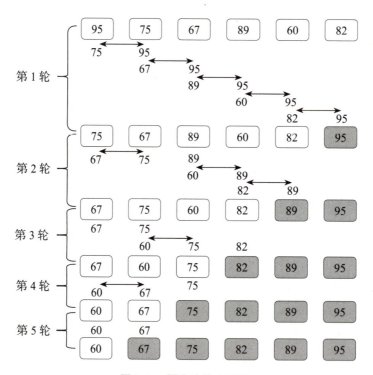

图6-15 冒泡法排序过程

第1轮首先比较95和75，95大于75，两数交换，较小数75前移；接着比较95和67，95大于67，两数交换；接着比较95和89，95大于89，两数交换；再接着比较95和60，95大于60，两数交换；最后比较95和82，95大于82，两数交换，第1轮比较结束，一共进行5次比较，将最大数95放到了最后，该数无须参加第2轮比较。

第2轮只需对前5个数进行比较，首先比较75与67，75大于67，两数交换；接着比较75与89，75小于89，较小数已在前边无须交换；再接着比较89与60，89大于 60，两数交换；最后比较 89 与 82，89 大于 82，两数交换，第 2 轮比较结束，一共进行 4 次比较，将这 5 个数中的最大数 89 放到了最后，该数无须参加第 3 轮比较。

第 3 轮只需对前 4 个数进行比较，共比较 3 次，将这 4 个数中的最大数 82 放到最后。

第 4 轮只需对前 3 个数进行比较，共比较 2 次，将这 3 个数中的最大数 75 放到最后。

第 5 轮只需对前 2 个数进行比较，共比较 1 次，将这 2 个数中的最大数 67 放到最后。

至此，排序完成，该数组 6 个元素的排列为（60，67，75，82，89，95）。

从以上冒泡法排序过程可以看出，需要比较的轮数为数组长度减 1，每轮比较的次数为数组长度减轮数。使用代码实现时，需要使用循环嵌套，外循环控制比较的轮数，内循环控制每轮参与比较的元素。

案例 6-12：使用冒泡排序实现数组元素从小到大排列。

在"项目 06"文件夹中创建文件"eg0612.php"，输入如下代码。

```php
1   <?php
2       $mat=[95,75,67,89,60,82];
3       echo "排序前的数组：";print_r($mat);
4       for($i=1,$matlen=count($mat);$i<$matlen;$i++){
5         for($j=0;$j<$matlen-$i;$j++){
6           if($mat[$j]>$mat[$j+1]){
7             $tmp=$mat[$j];
8             $mat[$j]=$mat[$j+1];
9             $mat[$j+1]=$tmp;
10          }
11        }
12      }
13      echo "<br/>排序后的数组：";print_r($mat);
14  ?>
```

说明：第 4—12 行实现冒泡法排序；第 4 行 $matlen 为数组的长度，$i 从 1 到数组长度减 1，每次递增 1，对应比较的轮次；第 5 行 $j 从 0 到数组长度减轮次再减 1，每次递增 1，指定每轮参与比较的元素；第 6—10 行比较相邻两个元素，如果前面元素比后面元素大就交换两个元素的值。

该案例在浏览器中的显示结果如图 6-16 所示。

图 6-16　使用冒泡法排序的显示结果

6.4.2 使用简单选择排序

冒泡法排序比较简单易懂，但排序过程中需要进行频繁的元素交换，这无疑会降低代码的执行效率。作为改进算法，简单选择排序同样简单易懂，但元素交换次数却更少，每轮比较最多只需交换 1 次。

简单选择排序的基本原理是（以升序为例），从待排序数组中选出最小元素与第 1 个元素交换，再从第 2 个开始的剩余数组元素中选出最小元素与第 2 个元素交换，依次类推，最后从剩余两个元素中选出最小元素与倒数第 2 个元素交换，至此排序完成。如果每轮选出的是最大元素的话，则实现降序排列。

例如，使用简单选择排序将数组（95，75，67，89，60，82）升序排列。该数组一共 6 个元素，需要进行 5 轮选择，确定前 5 个元素的值，排序过程如图 6-17 所示。（图中，左边箭头指定最小数放置位置，右边箭头指向该轮选出的最小元素）

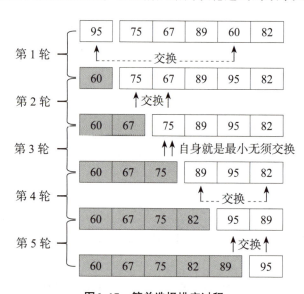

图6-17 简单选择排序过程

第 1 轮从全部 6 个数中选出最小数放在第 1 个元素位置。经过逐个比较后选出 60 为最小数，指针指向 60，将该元素与第 1 个元素交换。

第 2 轮从剩余 5 个数中选出最小数放在第 2 个元素位置。经过逐个比较后选出 67 为最小数，指针指向 67，将该元素与第 2 个元素交换。

第 3 轮从剩余 4 个数中选出最小数放在第 3 个元素位置。经过逐个比较后选出 75 为最小数，最小数即为第 3 个元素本身，所以无须交换。

依次类推进行第 4 轮和第 5 轮选择后，排序完成。

案例 6-13：使用简单选择排序实现数组元素从小到大排列。

在"项目 06"文件夹中创建文件"eg0613.php"，输入如下代码。

```php
1   <?php
2   $mat=[95,75,67,89,60,82];
3   echo "排序前的数组：";
4   print_r($mat);
5   for($i=0,$matlen=count($mat);$i<$matlen-1;$i++){
6     $pmin=$i;   //假定$i位置元素为最小数
7     for($j=$i+1;$j<$matlen;$j++){   //从$i的下个元素到最后元素
8       if($mat[$pmin]>$mat[$j]){   //选择最小数
9         $pmin=$j;
10      }
11    }
12    if($pmin!=$i){          //$pmin==$i说明选出的最小数就是$i所指元素，无须交换
13      $tmp=$mat[$i];
14      $mat[$i]=$mat[$pmin];
15      $mat[$pmin]=$tmp;
16    }
17  }
18  echo "<br/>排序后的数组：";
19  print_r($mat);
20  ?>
```

说明：第 5 行 $i 从 0 到数组长度 -2，每次递增 1，功能是依次确定从第 1 个到倒数第 2 个元素位置上的数；第 6 行设置变量 $pmin 初值为 $i，即假定 $mat[$i] 为最小数；第 7-11 行 $j 取值从 $i+1 到数组长度 -1，即从 $i 的下一个元素直到最后一个元素逐个与 $mat[$pmin] 比较，如果某数组元素 $mat[$j] 更小，就立即将该 $j 的值送给 $pmin，使 $pmin 指向当前的最小元素，此内嵌循环结束后，$pmin 所指元素就是选出的最小数；第 12-16 行如果 $pmin!=$i 说明选出的最小数不在 $i 所指位置上，就需要通过交换把最小数放在 $i 所指位置。

该案例在浏览器中的显示结果与冒泡法排序完全相同，如图 6-16 所示。

6.5 数组处理函数

数组是存储数据集合的重要结构，PHP 提供了丰富的数组处理函数，如表 6-1 所示。

表6-1 常用的数组处理函数

函数名称	功能描述
count()	统计数组元素个数
array_push()	向数组末尾添加一个或多个元素
array_pop()	弹出并返回数组的最后一个元素
array_shift()	弹出并返回数组的第一个元素
array_unshift()	在数组开头插入一个或多个元素
array_slice()	从数组中取出一段元素
array_splice()	删除并替换数组中的一段元素
array_merge()	合并两个或多个数组
array_reverse()	反转数组中所有元素的顺序
array_search()	在数组中查找一个键值,并返回对应的键名
in_array()	检查数组中是否存在某个值
array_unique()	移除数组中的重复元素
array_combine()	创建一个新数组,用一个数组的值作为键名,另一个数组的值作为键值

创建与访问:可以通过"$array = array(1, 2, 3);"或"$array = [1, 2, 3];"创建数组,并通过 $array[0] 访问数组元素。

数组排序:sort($array) 对数组进行升序排序。还有 rsort()、asort()、ksort() 等多种排序函数。

遍历数组:可以使用 foreach ($array as $value) 或 foreach ($array as $key => $value) 遍历数组。

案例 6-14:创建并排序数组,遍历数组,并应用过滤和映射函数。

在"项目 06"文件夹中创建文件"eg0614.php",输入如下代码。

```
1   <?php
2     $array = [5, 3, 9, 1, 6];
3     echo "原始数组为:";
4     foreach ($array as $value) {
5       echo $value . " ";
6     }
7     echo "<br>";   // 升序排序
8     sort($array);   // 遍历数组
9     echo "排序后数组为:";
10    foreach ($array as $value) {
11      echo $value . " ";
12    }
```

```
13      echo "<br>";
14      $reversedArray=array_reverse($array);
15      echo "排序后数组为：";
16      foreach ($reversedArray as $value) {
17          echo $value . " ";
18      }
19  ?>
```

示例代码分析：

（1）使用 sort() 函数对数组进行升序排序。

（2）通过 foreach 循环遍历并打印数组的每个元素。

（3）array_reverse() 函数将数组中的元素顺序反转。

以上示例演示了数组的创建、排序、遍历以及反转。

示例代码运行结果如图 6-18 所示。

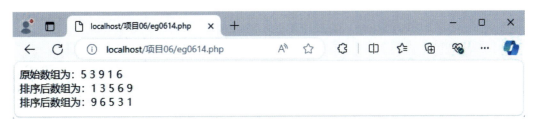

图6-18　数组函数运行结果

项目实践

期末考试结束后，某班 10 名学生 5 门课程的成绩需要处理，处理要求是计算出每个学生的总分并按总分从高到低排列，然后以表格形式输出，表格要足够精美。林林在分析了处理要求之后，决定将此项目分成两个任务来完成：计算总分并按总分降序排列和以表格形式输出学生期末成绩表。

任务1　计算总分并按总分降序排列

任务分析

期末成绩数据由多名学生的姓名，语文、数学、英语、政治、历史五科成绩及总分组成，需要使用二维数组来存放，然后使用嵌套 for 循环对此二维数组按行遍历，计算每行 5 科成绩之和，存入该行最末元素中。总分计算完毕之后，使用简单选择法按总分从高到低进行排序，最后输出排序后的学生期末成绩表。

任务实施

在"项目 06"文件夹中创建文件"scoreproc.php"，编写 PHP 代码如下。

```
1   <?php
2      //创建二维数组$score，存放10名学生的各科成绩
3      $score=[
4         ["李林",90,89,93,85,95,0],
5         ["王乾",80,86,91,83,93,0],
6         ["吴晨晓",82,83,89,81,91,0],
7         ["张玉明",96,85,87,90,92,0],
8         ["刘江",85,78,85,77,87,0],
9         ["王艳冰",95,92,94,91,85,0],
10        ["李峰",93,87,81,78,88,0],
11        ["王军",97,96,90,87,91,0],
12        ["高清风",81,83,77,82,94,0],
13        ["张亮",87,69,76,84,97,0]
14     ];
15     //计算每位学生的总分，并存入最末数组元素中
16     $len1=sizeof($score);
17     for($i=0;$i<$len1;$i++){
18        $len2=sizeof($score[$i]);
19        $total=0;
20        for($j=1;$j<$len2-1;$j++){
21           $total=$total+$score[$i][$j];
22        }
23        $score[$i][$len2-1]=$total;
24     }
25     //使用简单选择法对学生成绩按总分从大到小排序
26     $k=6;      //指定按总分列排序，6是总分列的索引号
27     $len=sizeof($score);
28     for($i=0;$i<$len-1;$i++){
```

```
29        $p=$i;
30        for($j=$i+1;$j<$len;$j++){
31          if($score[$p][$k]<$score[$j][$k]){
32            $p=$j;
33          }
34        }
35        if($p!=$i){
36          $tmp=$score[$i];
37          $score[$i]=$score[$p];
38          $score[$p]=$tmp;
39        }
40      }
41  ?>
42  <!-- 按行输出学生成绩数据 -->
43  <?php
44    echo "按总分从高到低排序后输出学生期末成绩表<br/>";
45    $len1=sizeof($score);
46    echo "姓名 语文 数学 英语 政治 历史 总分<br/>";
47    for($i=0;$i<$len1;$i++){
48      $len2=sizeof($score[$i]);
49      for($j=0;$j<$len2;$j++){
50        echo $score[$i][$j]."  ";
51      }
52      echo "<br/>";
53    }
54  ?>
```

在浏览器中访问 localhost/项目06/scoreproc.php，页面显示结果如图6-19所示。

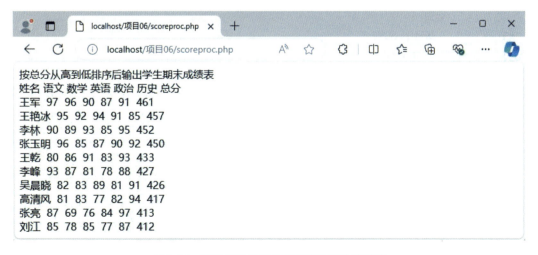

图6-19　输出按总分排序后的学生期末成绩表

任务2 以表格形式输出学生期末成绩表

任务分析

从任务 1 的输出结果可以看出，成绩排列混乱，可读性差，极不美观，需要进一步改进。改进方法是使用 PHP、HTML 和 CSS 技术相结合设计一个精美的表格，将学生期末成绩整齐划一地输出在表格中。

代码实现

打开任务 1 中创建的程序文件 scoreproc.php，将最后部分即"按行输出学生成绩数据"的代码段删除，添加 HTML 框架代码，在 <body> 中使用 <table> 标签制作表格，并嵌入 PHP 代码，向表格中输出数据，最后在 <head> 中使用 CSS 内部样式表对表格进行美化。添加的全部代码如下。

```
1    <!-- 以表格形式输出学生成绩数据 -->
2    <html>
3      <head>
4        <style>
5          h1 {
6            color:blue;
7            text-align:center;
8            font-size:20px;
9          }
10         table {
11           width: 80%;
12           margin: 0 auto;
13           border-collapse: collapse;
14           border: 2px solid #ccc;
15           font-size: 16px;
16         }
17         th, td {
18           padding: 10px;
19           text-align: center;
20           border: 1px solid #ccc;
21         }
22         thead {
23           background-color: #0000ff;
24           color:white;
```

```
25        }
26        tfoot td {
27            font-weight: bold;
28        }
29      </style>
30    </head>
31    <body>
32      <h1>按总分从高到低排序后输出学生期末成绩表</h1>
33      <table>
34        <thead>
35          <tr>
36            <th>姓名</th><th>语文</th><th>数学</th><th>英语</th><th>政治</th><th>历史</th><th>总分</th>
37          </tr>
38        </thead>
39        <tbody>
40          <?php
41            $len1=sizeof($score);
42            for($i=0;$i<$len1;$i++){
43              $len2=sizeof($score[$i]);?>
44              <tr>
45                <?php for($j=0;$j<$len2;$j++){ ?>
46                  <td><?= $score[$i][$j] ?></td>
47                <?php } ?>
48              </tr>
49          <?php } ?>
50        </tbody>
51        <tfoot>
52          <tr>
53            <td colspan="7">总人数：<?= $len1 ?>人</td>
54          </tr>
55        </tfoot>
56      </table>
57    </body>
58  </html>
```

在浏览器中访问 localhost/ 项目 06/scoreproc.php，页面显示结果如图 6-20 所示。至此，学生期末成绩处理项目圆满完成。

图6-20 以表格形式输出学生期末成绩表

项目小结

通过本项目的学习，林林对 PHP 数组的基本知识有了较为全面的了解，掌握了数组的创建、访问及遍历方法，并攻克了本项目的两大难点：排序算法和二维数组。在学生期末成绩处理程序的开发中，林林不断遭遇挫折，但始终勇往直前、迎难而上，在自己的不懈努力下最终圆满完成任务。为了便于巩固所学，林林做了一个思维导图对本项目知识点进行梳理，如图 6-21 所示。

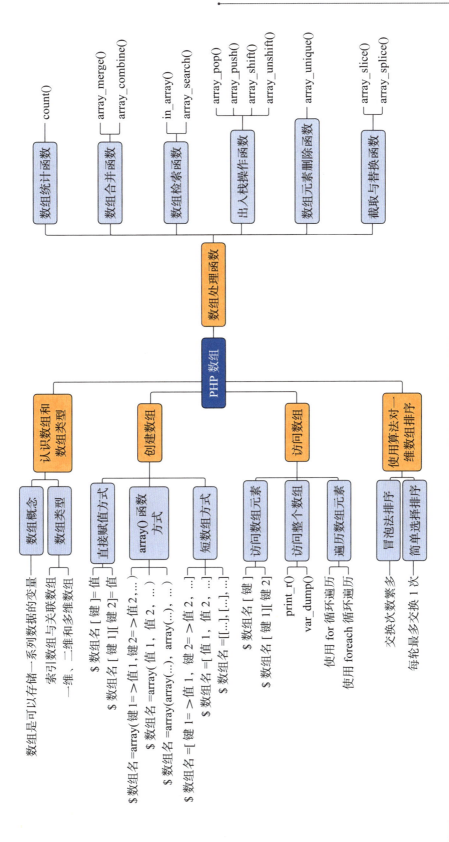

图6-21 项目6知识点思维导图

成长驿站

习近平总书记强调："要强化精准思维，做到谋划时统揽大局、操作中细致精当，以绣花功夫把工作做扎实、做到位。"

在项目开发中为了输出一个精美的表格，林林反复查阅 HTML+CSS 技术资料，一遍又一遍地修改调试代码直至最后满意。同时林林也深深感受到只要有一个细节考虑不周，或者处理不当，无论多么微小，整个系统便无法正确实现。在经历中体验，在体验中成长，林林真心意识到要干好一件事情，除了要直面挑战、一往无前外，还必须有注重细节、精益求精的"绣花功夫"。

项目实训

1. 实训要求

编程计算某班语文成绩最高分、最低分和平均分，最终输出结果如图 6-22 所示。

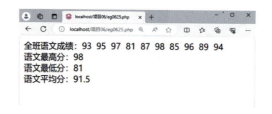

图6-22 输出某班语文成绩的统计结果

2. 实训步骤

步骤 1：打开 phpStudy，在首页启动 Apache 服务器。

步骤 2：打开 VS Code 编辑器，根据实训要求编写相应代码。简单提示：首先定义一维数组存放全班学生语文成绩；然后利用 for 循环遍历该数组，通过逐个比较找出最大和最小值，同时将每个元素累加求出总分，利用总分除以数组长度得到平均分；最后输出全班语文成绩以及统计出来的最高分、最低分和平均分。

步骤 3：在浏览器中访问该页面，查看显示结果是否符合要求。

项目习题

一、填空题

1. 数组由若干个数组元素组成，每个数组元素包含一个 _____ 和一个 _____。

2. 根据数组键的类型可将数组分为 _____ 数组和 _____ 数组。

3. 使用短数组方式创建数组的语法格式与 array 函数完全相同，只需用 _____ 替换 array() 即可。

4. 使用函数 _____ 可以得到当前指针所指元素的值，使用函数 _____ 可以得到当前指针所指元素的键。

5. 数组 $aa=[1,2,["a","b"],[1,2]]，则 count($aa) 的值是 _____，count($aa,1) 的值是 _____。

6. end() 函数的作用是将指针移到 _____ 元素。

7. 使用 _____ 函数可以对数组按键降序排列并保持键值对应关系。

8. 使用 _____ 函数将一个字符串用指定的分割符拆分为一个数组。

9. 使用 _____ 函数可以在一个数组中查找指定的值并返回该值对应的键。

10. 数组 $ab=[2,3,"a"=>9,5,6]，则 "echo $ab[2];" 的输出结果为 _____。

二、选择题

1. 下列关于 PHP 数组的描述中，错误的是（　　）。
   A. 数组属于复合数据类型，是可以存储一组或一系列数据的变量
   B. 数组元素值的类型没有任何限制，可以是任何数据类型，包括数组和对象
   C. 同一数组各元素值的类型必须相同
   D. 数组的键也称为下标，可以是整数或字符串

2. 下列哪种方式不能成功创建 PHP 数组？（　　）。
   A. $a=array("a"=>1,"b"=>2,3,4);
   B. $a=new array(2,3,4,5);
   C. $a=["abc","def",78,90];
   D. $a=["1","2",[1,2,3]];

3. 以下关于 foreach 循环遍历数组的描述中，错误的是（　　）。
   A. 使用 foreach 循环可以遍历索引数组和关联数组
   B. 使用 foreach 循环遍历数组时可以获得每个数组元素的值
   C. 使用 foreach 循环遍历数组时可以同时获得每个数组元素的键和值
   D. 使用 foreach 循环不能遍历键为不连续整数的索引数组

4. 数组 $tmp=array(4=>65,102,"tin"=>9,1=>5,"abc",0=>"zero") 的键依次是（　　）。
   A. 4、5、tin、1、6、0　　　　　　B. 4、0、tin、1、2、0
   C. 4、5、tin、1、2、0　　　　　　D. 4、5、tin、1、0、0

5. 数组 $a=array(["a"=>1,"b"=>2],[3,4],[8,9])，则 "echo $a[1][1];" 的输出结果为（　　）。
   A. 2　　　　　　　　　　　　　　B. 3
   C. 4　　　　　　　　　　　　　　D. 9

6. 数组 $tmp=[8,"abc",["a",1,"b"],"thr",[2,3]]，则 echo sizeof($tmp); 的输出结果为（　　）。

  A. 5　　　　　　　　　　　　B. 3

  C. 8　　　　　　　　　　　　D. 10

7. 以下关于使用 for 循环遍历数组的描述中正确的是（　　）。

  A. 使用 for 循环可以遍历索引数组和关联数组

  B. 使用 for 循环可以遍历一切索引数组

  C. 仅当一个数组的所有元素均为默认键时，才可以使用 for 循环进行遍历

  D. 使用嵌套的 for 循环可以对二维数组进行遍历

8. 若要对一个数组按元素的值降序（从大到小）排列且保持键值关系不变，应使用下列哪个函数？（　　）

  A. ksort()　　　　　　　　　　B. krsort()

  C. asort()　　　　　　　　　　D. arsort()

9. 如果要在一个数组的首部插入一个或多个元素，应用使用以下哪个函数？（　　）

  A. array_pop()　　　　　　　　B. array_push()

  C. array_shift()　　　　　　　　D. array_unshift()

10. 以下代码段的执行结果是（　　）。

  $a=["a","b","c"]; $b=[1,2,3]; $ab=array_splice($a,1,1,$b); echo sizeof($ab).",".sizeof($a);

  A. 5,3　　　　　　　　　　　　B. 1,5

  C. 1,6　　　　　　　　　　　　D. 6,3

项目 7

"不忘初心，牢记使命"主题教育答题网站
——表单与会话控制

情景导入

在 e 点网络科技公司的办公室里，林林坐在电脑前，眼前是一个充满挑战的新任务——开发一个以"不忘初心，牢记使命"为主题的答题网站。这个网站旨在通过在线答题的形式，帮助用户深入学习党的指导思想，强化党性修养。林林知道，这个任务对他来说既是一个挑战，也是一个展示自己能力的机会。他深吸了一口气，心中充满了期待和紧张。他知道，作为一名新入职的员工，需要尽快掌握 PHP 语言，以完成公司的各项任务。他打开了自己的学习计划，决定从最基本的表单、Cookie 和 Session 开始学习。这些知识是构建网站的重要基石，只有掌握了它们，才能更好地进行后续的开发工作。

项目目标

1. 知识目标

◆ 掌握表单界面设计的基本原则和常用元素。
◆ 掌握 Cookie 的基本概念和用途，以及如何在 PHP 中设置和读取 Cookie。
◆ 掌握 Session 的概念和作用，以及如何在 PHP 中使用 Session 来跟踪用户会话状态。
◆ 了解 Cookie 与 Session 之间的主要区别与联系。

2. 技能目标

◆ 能够创建和验证 HTML 表单，并使用 PHP 接收和处理表单数据。
◆ 能够设置和读取 Cookie，并在 PHP 中根据需要使用 Cookie。
◆ 能够使用 Session 在 PHP 中创建持久化的会话状态，并在不同页面之间传递数据。
◆ 能够根据实际需求选择适当的表单、Cookie 或 Session 技术来解决实际问题。

3. 素养目标

◆ 培养良好的安全意识，了解表单、Cookie 或 Session 可能存在的安全风险，并采

取相应的防范措施。
◆ 培养良好的编程习惯，遵循实践规则，编写可维护、可扩展的代码。
◆ 了解 Web 开发中的隐私和数据保护问题，尊重用户隐私，遵守相关法律法规。
◆ 培养团队合作精神，与他人协作完成项目，共同解决问题，提高代码质量和开发效率。

知识准备

7.1 设计表单

表单是 Web 开发中用于收集用户输入的重要工具。通过表单，用户可以提交各种数据，如注册信息、搜索查询、反馈意见等。用户填写完表单数据后，系统会将表单提交到服务器端的应用程序进行处理，应用程序处理后将结果返回客户端并显示在浏览器中。

7.1.1 表单界面设计

1. 创建表单标签

表单标签由 <form></form> 组成。该标签定义了表单提交的目标处理程序和数据提交方式等。编码格式如下：

<form name="form_name" method="method" action="url" enctype="value" target="target_win" id="id">
…//此处放置各种表单控件
</form>

<form> 标签中各属性的含义如表 7-1 所示。

表7-1 <form>标签各属性含义

<form>标签属性	说明
name	表单的名称
method	设置表单的提交方式（GET方法或者POST方法）
action	指向处理该表单页面的URL（相对地址或者绝对地址）
enctype	设置表单内容的编码方式，当表单中需要上传文件时，应设置为multipart或form-data
target	设置返回信息的显示方式
id	表单的编号

2. 创建表单控件

表单控件编写在表单标签（<form> 和 </form>）之间，常见的表单控件包括：文本框、密码框、单选按钮、复选框、隐藏域、文件域、多行文本框、提交按钮、重置按钮、普通按钮等。编码格式主要有输入标签（<input>）、多行文本框标签（<textarea>）和下拉列表标签（<select>）等。

（1）输入标签（<input>）。

输入标签 <input> 是表单中最常用的标签之一。编码格式如下：

<input type="控件类型" name="控件名称" value="控件的初始值" />

其中，type 属性常用取值如表 7-2 所示。

表7-2　type属性常用取值

type属性值	说明
text	默认值。定义单行文本框，在其中输入文本。默认可输入20个字符
password	定义密码字段。字段中的字符会被遮蔽
radio	定义单选按钮。允许用户在一组选项中选择一个
checkbox	定义复选框。允许用户选择多个选项
hidden	定义隐藏输入字段
file	定义文件上传按钮
submit	定义提交按钮。提交按钮向服务器发送数据
reset	定义重置按钮。会将所有表单字段重置为初始值
button	定义可单击的普通按钮
date	定义日期字段（带有Calendar控件）
datetime	定义日期字段（带有Calendar和time控件）
email	定义电子邮件提交按钮
tel	定义电话号码字段

name 属性规定 <input> 标签中属性的名称，用于对提交到服务器后的表单数据进行标识，或者在客户端通过 JavaScript 引用表单数据。只有设置了 name 属性的表单控件才能在提交表单时传递它们的值。

value 属性指定了输入字段的默认值。当用户未输入任何内容时，该属性的值将作为默认值显示在字段中。例如，如果想在密码字段中显示"请输入密码"，则可以将该值设置为密码字段的 value 属性。

（2）多行文本框标签 <textarea>。

<textarea> 标签用于创建一个多行的文本输入控件，用户可以在其中输入多行文本。它是成对出现的，以 <textarea> 开始，以 </textarea> 结束。编码格式如下：

<textarea name="控件名称" rows="行数" cols="列数"></textarea>

<textarea> 标签的常见属性如表 7-3 所示。

表7-3 <textarea>标签常见属性

属性名称	说明
name	定义文本区域的名称，用于在服务器端标识该控件
rows	定义文本区域可见的行数
cols	定义文本区域可见的列数
disabled	禁用文本区域，使其无法获得焦点且无法修改
maxlength	定义文本区域允许的最大字符数
readonly	使文本区域只读，用户可以查看内容但不能修改

（3）下拉列表标签 <select>。

<select> 标签是 HTML 表单中一种重要的元素，它允许用户从多个选项中选择一个或多个。每一个 <select> 标签中可以有 0 个或多个 <option> 标签。<option> 标签定义了下拉列表中的选项。编码格式如下：

```
<select name="控件名称" size="显示列表项个数" multiple>
  <option value="value1" selected>选项1</option>  //默认选项
  <option value="value2">选项2</option>
  <option value="value3">选项3</option>
</select>
```

<select> 标签的常见属性如表 7-4 所示。

表7-4 <select>标签常见属性

属性名称	说明
name	定义下拉列表的名称，用于在服务器端标识该控件
size	定义下拉列表中可见选项的数目
multiple	定义可选择多个选项

（4）<label> 标签。

<label> 标签通常与 <input> 标签一起使用，用于为输入元素（如文本框、复选框、单选按钮等）定义标签，不会向用户呈现任何特殊效果。主要目的是提高表单的可访问性，当用户点击该标签时，与其相关联的表单控件将获得焦点。

<label> 标签通过 for 属性与表单控件相关联。for 属性的值应与相关表单控件的 id 属性值相匹配。当用户点击 <label> 元素时，浏览器会自动将焦点移动到与该标签相关联的表单控件上。

项目 7 "不忘初心,牢记使命"主题教育答题网站——表单与会话控制

案例 7-1: 制作一个网站会员信息调查表。

```
1   <!DOCTYPE html>
2   <html>
3     <head>
4       <meta charset="UTF-8">
5       <title>网站会员信息调查表</title>
6     </head>
7     <body>
8       <h2>网站会员信息调查表</h2>
9       <form action="" method="post" enctype="multipart/form-data">
10        <p><label for="name">姓名:</label>
11        <input type="text" id="name" name="name"></p>
12        <p><label for="phone">电话:</label>
13        <input type="text" id="phone" name="phone"></p>
14        <p><label for="email">邮箱:</label>
15        <input type="email" id="email" name="email"></p>
16        <p><label for="gender">性别:</label>
17        <input type="radio" id="genderM" name="gender" value="男">男
18        <input type="radio" id="genderF" name="gender" value="女">女</p>
19        <p><label for="birthday">生日:</label>
20        <input type="date" id="birthday" name="birthday"></p>
21        <p><label for="city">所在城市:</label>
22        <input type="text" id="city" name="city"></p>
23        <p><label>感兴趣的领域:</label>
24        <input type="checkbox" id="interest_tech" name="interests[]" value="tech">
25        <label for="interest_tech">科技</label>
26        <input type="checkbox" id="interest_arts" name="interests[]" value="arts">
27        <label for="interest_arts">艺术</label>
28          <input type="checkbox" id="interest_sports" name="interests[]" value="sports">
29        <label for="interest_sports">体育</label>
30          <input type="checkbox" id="interest_literature" name="interests[]" value="literature">
31        <label for="interest_literature">文学</label>
32        <input type="checkbox" id="interest_music" name="interests[]" value="music">
33        <label for="interest_music">音乐</label></p>
34        <p><label for="evaluate">您对本网站的满意度:</label>
35        <select id="evaluate" name="evaluate" required>
36          <option value="">请选择</option>
37          <option value="max">十分满意</option>
38          <option value="mid">基本满意</option>
```

```
39            <option value="min">不满意</option>
40          </select> </p>
41        <p><label for="avatar">头像:</label>
42        <!-- 注意：这里使用了文件输入框来上传头像文件 -->
43        <input type="file" id="avatar" name="avatar"></p>
44        <p><label for="suggest">对本网站的建议:</label>
45        <!-- 注意：这里使用了文本区域来输入个人建议 -->
46        <textarea id="suggest" name="suggest"></textarea></p>
47        <p><input type="submit" value="提交"></p>
48      </form>
49    </body>
50  </html>
```

在这个案例中，通过表单实现了网站会员信息调查表。表单中包含的控件有文本框、单选按钮、复选框、下拉列表、文件域、多行文本框等。将以上代码保存到 eg0701.html 中，然后在浏览器中访问 http://localhost/ 项目 07/eg0701.html，运行效果如图 7-1 所示。

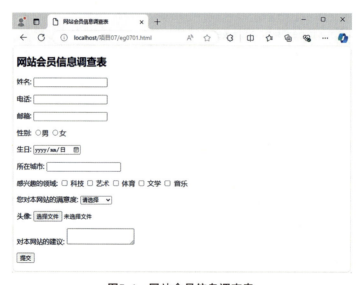

图7-1　网站会员信息调查表

7.1.2　表单数据验证

在将表单数据提交到服务器之前，一般需要对其进行有效性验证。表单数据验证是确保用户输入的数据符合特定规则和要求的重要步骤。它有助于防止无效或恶意数据的输入，提高数据的质量和准确性。

1．表单数据验证的分类

（1）客户端验证：在浏览器端进行验证，主要通过 JavaScript 实现。优点是可以减轻服务器负担，提高用户体验；缺点是用户可以禁用或修改客户端代码，绕过验证。

（2）服务器端验证：在服务器端进行验证，主要通过后端语言（如 PHP、Python 等）实现。优点是安全性较高，不容易被绕过；缺点是可能会增加服务器负担，且用户体验相对较差（需要等待服务器响应）。

在实际应用中，通常将客户端验证和服务器端验证结合使用，以实现更好的安全性和用户体验。

2. 常见的表单数据验证方法

（1）必填项验证：确保用户必须填写某些字段，如用户名、密码等。可以通过在表单元素上添加"required"属性实现客户端验证。

（2）格式验证：确保用户输入的数据符合规定的格式，如邮箱地址、电话号码等。可以通过正则表达式进行验证。

（3）范围验证：确保用户输入的数据在某个范围内，如年龄、数量等。可以通过比较运算符或正则表达式进行验证。

（4）唯一性验证：确保用户输入的数据在数据库中是唯一的，如用户名、邮箱地址等。需要在服务器端进行查询和比较。

（5）安全性验证：防止恶意用户输入恶意数据，如 XSS 攻击、SQL 注入等。需要对用户输入的数据进行过滤、转义或预编译处理。

案例 7-2：一个简单的表单数据验证示例，使用 HTML5 和 JavaScript 实现。

```
1    <!DOCTYPE html>
2    <html>
3      <head>
4        <meta charset="UTF-8">
5        <title>表单数据验证示例</title>
6        <script>
7          function validateForm() {
8            var name = document.forms["myForm"]["name"].value;
9            var email = document.forms["myForm"]["email"].value;
10           var age = document.forms["myForm"]["age"].value;
11           if (name == "" || email == "" || age == "") {
12             alert("请填写所有字段！");
13             return false;
14           }
15           if (!/^\w+([\.-]?\w+)*@\w+([\.-]?\w+)*(\.\w{2,3})+$/.test(email)) {
16             alert("请输入有效的邮箱地址！");
17             return false;
18           }
19           f (isNaN(age) || age < 1 || age > 100) {
```

```
20              alert("请输入有效的年龄（1-100）！");
21              return false;
22          }
23      }
24    </script>
25  </head>
26  <body>
27    <form name="myForm" onsubmit="return validateForm()" method="post">
28      <label for="name">姓名：</label>
29      <input type="text" id="name" name="name" required><br><br>
30      <label for="email">邮箱：</label>
31      <input type="email" id="email" name="email" required><br><br>
32      <label for="age">年龄：</label>
33       <input type="number" id="age" name="age" min="1" max="100" required><br><br>
34      <input type="submit" value="提交">
35    </form>
36  </body>
37 </html>
```

在这个案例中，使用了HTML5的表单验证属性（如required、type、min、max等），以及JavaScript函数进行更复杂的验证（如邮箱格式验证和年龄范围验证）。当用户点击"提交"按钮时，会触发validateForm()函数进行验证。如果验证不通过，则弹出提示框并阻止表单提交；如果验证通过，则提交表单数据到服务器进行处理。

将以上代码保存到eg0702.html中，然后在浏览器中访问http://localhost/项目07/eg0702.html，运行效果如图7-2和图7-3所示。

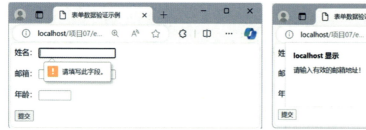

图7-2 表单数据验证（1）

图7-3 表单数据验证（2）

7.1.3 表单数据提交与获取

1. 表单数据提交方式

当用户在Web表单中输入数据并点击"提交"按钮时，浏览器需要将这些数据发送到服务器进行处理。HTTP 协议提供了两种主要的数据提交方法：GET 和 POST。这两种方法在应用上有着本质的不同，主要体现在以下几个方面。

（1）数据传输方式。

GET 方法：表单数据附加在 URL 的末尾，以查询字符串的形式发送。查询字符串由键值对组成，键值对之间使用 & 符号分隔，而键和值之间使用等号连接。由于数据包含在 URL 中，因此可以在浏览器的地址栏中看到这些数据。

POST 方法：表单数据包含在 HTTP 请求的正文中发送，而不是附加在 URL 上。因此，用户无法在地址栏中看到这些数据。POST 方法更适合传输大量数据，因为它没有 URL 长度限制的问题。

（2）数据安全性。

GET 方法：由于数据暴露在 URL 中，因此 GET 方法不适合传输敏感信息，如密码、银行卡号等。此外，URL 可能会被浏览器缓存或保存在历史记录中，这增加了数据泄露的风险。

POST 方法：数据在 HTTP 请求正文中传输，对用户来说是不可见的。因此，POST 方法相对更安全，适合传输敏感信息。然而，需要注意的是，仅仅使用 POST 方法并不能保证数据的绝对安全。为了确保数据的安全性，还需要结合其他安全措施，如 HTTPS 协议、数据加密等。

（3）数据缓存和书签。

GET 方法：由于 GET 请求的数据包含在 URL 中，浏览器可能会缓存这些 URL。这意味着如果用户再次访问相同的 URL（包含查询字符串），浏览器可能会直接从缓存中加载页面，而不是向服务器发送新的请求。此外，用户还可以将包含查询字符串的 URL 保存为书签，以便将来快速访问。

POST 方法：由于 POST 请求的数据不会包含在 URL 中，因此浏览器通常不会缓存 POST 请求的页面。这意味着每次用户提交表单时，都会向服务器发送新的请求。此外，用户也无法将 POST 请求的页面保存为书签，因为书签只能保存 URL，而无法保存 POST 请求的正文数据。

（4）应用场景。

GET 方法：适用于简单的数据获取操作，如搜索、分页等。在这些场景中，用户输入的数据通常不需要保密，且数据量较小。

POST 方法：适用于需要保密或大量数据的提交操作，如登录、注册、表单提交等。在这些场景中，用户输入的数据可能包含敏感信息或大量数据，需要通过 POST 方法进行安全传输。

2. 表单数据获取

当 HTML 表单被提交时，表单中的数据会发送到服务器进行处理。在 PHP 中，这

些数据可以通过超全局变量 $_POST[] 或 $_GET[] 来访问。这两个变量都是关联数组，它们的键（keys）对应于表单字段的 name 属性，而它们的值（values）则是用户输入的数据。当表单的 method 属性设置为 POST 时，应使用 $_POST[] 数组来获取表单数据。当表单的 method 属性设置为 GET 时，或者当在 URL 中传递参数时，应使用 $_GET[] 数组来获取数据。例如，在以 POST 方法提交的表单中有一个名为"username"的输入字段，则可以使用 $_POST['username'] 来获取用户输入的用户名。

案例 7-3：获取用户在主题教育网站留言板提交的信息。

```
1   <!DOCTYPE html>
2   <html>
3     <head>
4       <meta charset="UTF-8">
5       <title>主题教育网站留言板</title>
6     </head>
7   <body>
8       <h2>主题教育网站留言板</h2>
9       <form action="eg0703.php" method="post">
10        <p><label for="name">姓名:</label>
11        <input type="text" id="name" name="name" required> </p>
12        <p><label for="message">留言:</label>
13        <textarea id="message" name="message" required></textarea></p>
14        <input type="submit" value="提交">
15      </form>
16  </body>
17  </html>
```

以上代码中通过 POST 方法将表单数据提交到 eg0703.php 中，表单中包含一个普通文本框"姓名"和一个多行文本框"留言"。保存以上代码到 eg0703.html 中，运行结果如图 7-4 所示。

```
1   <?php
2   //获取表单提交数据
3   $name = $_POST["name"];
4   $message = $_POST["message"];
5   // 在页面上显示表单数据
6   echo "<h2>提交的信息</h2>";
7   echo "<p>姓名: " . $name . "</p>";
8   echo "<p>留言内容: " . $message . "</p>";
9   ?>
```

以上代码中 3、4 行通过 $_POST[] 变量获取表单提交的数据。7、8 行输出用户输入的数据。保存以上代码到 eg0703.php 中，运行结果如图 7-5 所示。

图7-4　用户留言页面　　　　　　　图7-5　获取用户留言内容

7.2　Cookie管理

日常生活中，在我们浏览互联网的过程中，网站经常需要记住我们的某些信息，如登录状态、购物车内容等。这时，一个名为"Cookie"的小型数据文件就派上了用场。那么，什么是 Cookie？它又是如何工作的呢？

7.2.1　了解Cookie

Cookie 是保存在客户端浏览器中的一种文本信息，该信息由服务器生成并以 key-value 键值对的形式发送给客户端，客户端浏览器再将其以文本文件的形式保存在一个文件夹中。当用户访问 Web 站点时，服务器可能会发送一个或多个 Cookie 到用户的浏览器中，以便跟踪用户的行为和偏好。例如，Cookie 可以用于记录用户的登录状态、上次访问时间、购物车商品等。

Cookie 具有以下特点：

（1）Cookie 通过 HTTP 协议的请求头和响应头在服务器与客户端之间传输。

（2）Cookie 的大小限制在 4 kB 之内，一台服务器在一个客户端最多可以保存 20 个 Cookie，而一个浏览器最多可以保存 300 个 Cookie。

（3）Cookie 是存储在客户端的，所以不占用任何服务器资源，不会给服务器带来额外的负担。

（4）Cookie 具有持久性，其生存周期由服务端程序设定，可设置为数天、数月甚至数年。

（5）Cookie 对用户透明地工作，用户不需要知道存储的具体信息，但是用户可以自主删除 Cookie 信息。

173

（6）Cookie 大多以明文形式进行存储，可能会造成安全风险。同时由于 Cookie 存储在客户端，更容易被入侵或篡改。所以 Cookie 中不适合存储敏感信息，如密码。哪些信息需要存储在 Cookie 中由服务器决定。

（7）Cookie 可以跨越同一个域名下的多个网页，但是不能跨域名使用。

注意：在使用 Cookie 时，需要注意一些安全问题，如保护敏感信息、防范跨站脚本攻击等。因此，开发人员需要谨慎处理 Cookie 数据，并采取必要的安全措施，以保护用户的隐私和数据安全。

7.2.2 Cookie的工作原理

Cookie 的设置及发送会经历以下四个步骤。

（1）客户端发送 HttpRequest 请求到服务端：客户端向服务器发送一个 HTTP 请求，要求获取页面内容。

（2）服务端返回 HttpResponse 响应到客户端，并在头部信息中包含了要设置的 Cookie 信息。客户端接收到相应信息后保存 Cookie 信息，服务器在返回的 HTTP 响应中，会包含一个或多个 Set-Cookie 头字段。这些头字段包含了将要存储在客户端的 Cookie 信息。

（3）客户端再次向服务端发送 HttpRequest 请求，并在头部请求信息中包含之前设置的 Cookie 信息。浏览器会将之前存储的 Cookie 信息附加在每个 HTTP 请求的头部中。这样，服务器就能够识别和验证用户的身份、跟踪用户的状态等。

（4）服务器通过 Cookie 信息识别用户，并返回 HttpResponse 响应信息。服务器接收到带有 Cookie 信息的请求后，会解析出其中的 Cookie 信息，并根据这些信息来处理请求。

以上过程如图 7-6 所示。

图7-6　Cookie工作原理

7.2.3 创建Cookie

在 PHP 中，可以使用 setcookie() 函数来创建 Cookie。该函数的基本语法如下：

setcookie(name, value, expire, path, domain, secure, httponly);

setcookie() 函数创建 Cookie 成功返回 true，否则返回 false。函数的参数说明如表 7-5 所示。

表7-5 setcookie函数参数说明

参数	说明	举例
name	必需，表示Cookie的名称	可以通过$_COOKIE["user"]调用变量名为user的Cookie
value	可选，表示Cookie的值	setcookie("user","php")，通过调用$_COOKIE["user"]可以得到php值
expire	可选，表示Cookie的过期时间，是一个Unix时间戳，单位为秒。如果未设置该参数，Cookie将在浏览器关闭时过期。若设置的时间戳小于当前的时间戳，则表示删除此Cookie	setcookie("user","php",time()+3600)，保存user这个Cookie变量的时间为3600 s setcookie("user","php",time()-1)，删除user这个Cookie变量
path	可选，表示Cookie在服务器上的可用路径。如果设置为/，则Cookie对整个域名都有效。默认情况下，Cookie对当前页面及其子目录有效	setcookie("user","php",time()+3600,"/")，则domain下的任何目录，任何文件都可以通过$_COOKIE["user"]来调用这个Cookie变量的值。设置为"/test"，那么只在domain下的/test目录及子目录才有效
domain	可选，表示Cookie的域名。默认情况下，Cookie在当前域名下有效	设置为googlephp.cn，那么在googlephp.cn下的所有子域都有效
secure	可选，表示是否仅通过安全的HTTPS连接传输Cookie。默认情况下，该值为false	如果设置为true，则Cookie只能通过HTTPS传输
httponly	可选，表示是否仅通过HTTP协议访问Cookie。默认情况下，该值为false	如果设置为true，则Cookie无法通过客户端脚本（如JavaScript）访问。这有助于增加Cookie的安全性

通常情况下，在使用 setcookie() 函数时会用到 name、value、expire 三个参数，其他参数均采用默认值即可。

需要注意的是，由于 Cookie 是 HTTP 头部的组成部分，而头部必须在页面其他内容之前发送，因此在使用 setcookie() 函数之前不能输出任何 HTML 标记或含 echo 的语句。

案例 7-4：购物网站保存商品浏览信息。

```
1    <?php
2    $PID=20240101;
3    $PName="笔记本电脑";
4    setcookie("ID",$PID); //设置Cookie信息，但不设置其失效期
```

```
5        date_default_timezone_set("PRC"); //因用到time()函数，故在此设置当前时区
6        setcookie("Name",$PName,time()+3*24*3600); //设置为3天后失效
7    ?>
```

将以上代码保存到 eg0704.php 中，然后在浏览器中访问"http://localhost/项目07/eg0704.php"。按【Ctrl+Shift+I】组合键打开开发者工具。单击"应用程序"标签，在左侧的"Cookie"选项中可以查看到当前站点设置的 Cookie 信息，如图 7-7 所示。在图 7-7 中可以看到 ID 和 Name 两个 Cookie 信息。由于 ID 没有设置有效期，因此其"Expires/Max-Age"值为"会话"，这种 Cookie 一般不保存在硬盘上，而是保存在内存中，该 Cookie 中保存的信息会在关闭浏览器时被删除。而 Name 中的 Cookie 信息的失效期则被设置为 3 天后。

setcookie() 函数在设置 Cookie 信息时会自动对保存的值进行 URL 编码，在读取 Cookie 信息时再对其进行解码，这样可解决 Cookie 信息中的特殊字符问题。所以在图 7-7 中可以观察到 Name 对应的 value 值已经对其进行了 URL 编码。

图7-7　在浏览器开发者工具中查看Cookie

7.2.4　读取Cookie

在 PHP 中可以通过超全局变量 $_COOKIE[] 来获取客户端已存储的 Cookie 信息，该变量中的每个元素的"键"为 Cookie 的名称，每个元素的"值"为 Cookie 的值。如果不指定要获取的 name 值，则可以获取到存储的所有 Cookie 信息。

注意：如果设置 Cookie 和读取 Cookie 在同一个页面中，由于浏览器的工作机制，设置 Cookie 后并不能立即获取到 Cookie 信息。这是因为在当前请求中，服务器端返回了需要设置的 Cookie 信息，而此次设置的 Cookie 信息只有在下一次发起访问请求时才会发送到服务器端，此时才能读取到 Cookie 信息。

案例 7-5：获取购物网站商品浏览信息。

```
1   <?php
2     header("Content-type:text/html;charset=utf-8");
3     if(!empty($_COOKIE)) {
4       $cookies = $_COOKIE;
5       //输出预格式化标签
6       echo "<pre>";
7       var_dump($cookies);
8     }
9     if(isset($_COOKIE['ID'])&&isset($_COOKIE['Name'])){
10      $id=$_COOKIE['ID'];
11      $name=$_COOKIE['Name'];
12      echo "已浏览的商品id是：{$id}，商品名称是：{$name}";
13    }else{
14      echo "暂无浏览记录。";
15    }
16  ?>
```

以上代码中，第 3 行使用 empty() 函数判断当前是否存在 Cookie 信息。在不指定超全局变量 $_COOKIE[] 的索引时，可获取当前存储的所有 Cookie 信息，返回的数据类型是数组。所以如果存在 Cookie 信息，第 7 行将数组递归展开值，通过缩进显示其结构。如果需要判断是否存在指定名称的 Cookie 信息，可通过第 9 行 isset() 函数判断，如果存在则获取其值并输出。将以上代码保存到 eg0705.php 中，然后在浏览器中访问"http://localhost/ 项目 07/eg0705.php"。运行结果如图 7-8 所示。

图7-8 获取购物网站商品浏览信息

7.2.5 删除Cookie

在 PHP 中，删除 Cookie 的方法实际上就是将 Cookie 的过期时间设置为过去的时间。对于没有设置过期时间的 Cookie，在关闭浏览器时会自动删除该 Cookie 的相关信息。而设置了过期时间的 Cookie，则会在过期时间后删除该 Cookie 的相关信息。

可以使用 setcookie() 函数来设置该 Cookie 的过期时间为一个过去的日期，从而使其失效。例如，可通过将过期时间设置为当前时间减 1 s 来删除【案例 7-4】中设置的 Name 信息，代码如下：

setcookie("Name","",time()-1);

上述代码中 setcookie() 函数的第一个参数是 Cookie 的名称（"Name"），第二个参数 Cookie 的值为空字符串（""），因为我们想删除它而不是设置一个新值，第三个参数通过将当前时间减去 1 s 把过期时间设置为一个过去的日期，确保了该 Cookie 将立即失效。

7.3 Session 管理

通过前面的学习，我们了解到 Cookie 的大小限制、数据的安全性问题，以及无法存储大量数据的局限性，使得我们急需一种更强大、更安全的机制来管理用户状态。这时，Session 作为一种服务器端的技术应运而生。

7.3.1 了解 Session

Session，通常被翻译为"会话"，在计算机专业术语中，它指的是一个终端用户与交互系统进行通信的时间间隔。通常是从用户注册进入系统开始，直到用户注销退出系统为止的时间段。在 Web 应用中，Session 指的是从进入网站到关闭浏览器这段时间内的会话，是一个特定的时间概念。就如打电话时从拿起电话拨号到挂断电话这中间的一系列过程可以称为一个 Session。由于存储在 Session 中的值可以在生命周期中被当前站点的所有页面访问，因此可在访问者与网站之间建立一种"对话"机制，实现用户访问的连续性。Session 常被用在需要用户登录的场景中，当用户登录成功之后在服务端为其保存 Session，在用户访问其他功能页面时将 Session 作为判断用户是否有权限访问的凭证来使用。

通过 Session，我们可以实现更加复杂和个性化的用户状态管理。例如，利用 Session 来保存用户的登录状态，实现用户的免登录功能；根据用户的浏览历史、购买记录等信息，为用户推荐相关内容；利用 Session 来实现购物车功能，让用户在不同的页面和会话之间保持购物车的状态。

7.3.2 Session 的工作原理

在 Session 中，当用户首次访问 Web 应用时，服务器会为用户创建一个 Session 对象。保存 Session 后会在服务器内存中为其分配一个存储空间来存储 Session 信息。那么当服务器端为多个用户分别保存 Session 信息后，如何实现用户与存储的 Session 信息一一对应呢？实际上，服务器存储的每一个 Session 都有一个唯一的标识，称之为 SessionID。SessionID 是一个由 PHP 随机生成的加密数字，通过 HTTP 响应头发送给客户端，并通常保存在 Cookie 中。之后，用户的每个请求都会附带这个 SessionID，服务器通过 SessionID 找到对应的 Session 对象，从而获取用户的状态信息。Session 的工作原理如图 7-9 所示。

图7-9　Session的工作原理

7.3.3 启动Session

Session 的使用与 Cookie 不同，在使用 Session 之前必须先启动一个会话。在 PHP 中使用 session_start() 函数来开启一个会话，其语法格式如下：

bool session_start(void);

session_start() 函数用于启动新的或恢复现有的会话。调用此函数时，PHP 会尝试从客户端的请求中查找一个 SessionID（通常是通过 Cookie 传递的），然后基于这个 SessionID 恢复之前保存的会话数据。如果客户端的请求中没有 SessionID（即用户是首次访问或会话标识符已过期/丢失），PHP 会创建一个新的会话，并分配一个新的唯一 SessionID。这个 SessionID 会被存储在客户端（通常是通过 Cookie），以便在随后的请求中能够识别并恢复该会话。

注意：当在 PHP 中使用 session_start() 函数时，必须确保它是脚本中的第一个操作（除了任何 include 或 require 语句）。如果在 session_start() 之前有任何输出（例如 HTML、空格、注释等），则会出现错误。

7.3.4 使用Session

开启会话后就可以通过超全局变量 $_SESSION[] 来保存 Session 信息，直接给该数组新增任意元素即可。在使用 Session 时会自动对要设置的值进行编码和解码，因此 Session 中可以存储任何数据类型。

案例 7-6：存储用户信息及访问次数。

```
1   <?php
2     // 启动会话
3     session_start();
4     // 检查是否已经设置了用户名，如果没有则设置一个
5     if (!isset($_SESSION['username'])) {
6       $_SESSION['username'] = '林林'; // 默认用户名
7     }
8     // 设置或递增访问次数
9     if (isset($_SESSION['views'])) {
10      $_SESSION['views']++; // 如果已经设置了views，则递增它
11    } else {
12      $_SESSION['views'] = 1; // 如果没有设置views，则初始化为1
13    }
14    // 读取并输出会话变量
15    echo "用户名: " . $_SESSION['username'] . "<br>";
16    echo "访问次数: " . $_SESSION['views'] . "<br>";
17  ?>
```

在以上代码中，第 3 行调用 session_start() 来启动会话。第 5 行检查 username 是否已经被设置；如果没有，第 6 行为其分配一个默认值（例如"林林"）。第 9 行检查 views 是否已经设置；如果设置了，第 10 行递增它的值；如果没有设置，第 12 行将其初始化为 1。第 15—16 行读取并输出这两个会话变量的值。每次用户加载这个页面时，views 的值都会递增，这得益于会话数据的持久性。而 username 则保持不变（除非用户登录并更改了它的值）。保存以上代码到 eg0706.php 中，然后在浏览器中访问 http://localhost/ 项目 07/eg0706.php。运行结果如图 7-10 所示。

图7-10 使用Session存储用户信息

刷新页面后，访问次数不断增加。效果如图 7-11 所示。

图7-11　访问次数增加为7

7.3.5 删除Session

1. 删除 Session 中的特定值

在 PHP 中，如果想要删除 Session 中的某个特定值，可以使用 unset() 函数。这个函数可以销毁指定的 Session 变量，释放与之关联的内存空间。

例如，想要删除案例 7-6 中名为 $_SESSION['username'] 的 Session 变量，可以使用以下代码来删除它：

unset($_SESSION['username']);

这将会销毁 $_SESSION['username'] 变量，并从 Session 中移除它。这样当再次访问页面时，将读取不到 $_SESSION['username'] 的变量值。

2. 删除 Session 中的所有信息

如果想要删除 Session 中的所有信息，可以将 $_SESSION[] 变量赋值为一个空数组。这样做将会销毁所有 Session 变量，并清空 Session。

例如：

$_SESSION = array();//或者$_SESSION = [];

上述代码会销毁所有当前的 Session 变量，并重置 $_SESSION 为一个新的空数组。这将会释放服务器内存中保存的 Session 信息。

3. 销毁整个 Session

除了删除 Session 中的特定值或所有信息外，还可以完全销毁整个 Session。这可以通过调用 session_destroy() 函数来实现。

例如：

session_destroy();

调用 session_destroy() 函数将会销毁当前会话中的所有数据，并重置 Session 全局变量。需要注意的是，调用 session_destroy() 函数并不会立即删除 Session 文件，它只是重置了 Session 数据。在大多数情况下，Session 文件会在稍后被垃圾回收机制删除。

案例 7-7：删除 Session 中的用户信息。

```php
1  <?php
2    session_start();
3    //仅删除保存在Session中的username
4    unset($_SESSION['username']);
5    //将Session中所有信息删除，释放内存中的$_SESSION变量
6    $_SESSION=array();
7    //删除当前用户对应的session文件，清空所有资源
8    session_destroy();
9  ?>
```

7.4　Cookie与Session的区别与联系

Cookie 和 Session 都是 Web 开发中用于跟踪用户状态的技术，但它们之间存在一些区别和联系。

1. 区别

存储位置：Cookie 数据存放在用户的浏览器上，而 Session 数据放在服务器上。

安全性：Cookie 存储在用户的浏览器上，因此相对来说不太安全。攻击者可能会分析存放在本地的 Cookie 并进行 Cookie 欺骗。而 Session 的安全性通常比 Cookie 更高，因为 Session ID 存储在 Cookie 中，要攻破 Session 首先需要攻破 Cookie，而且 Session ID 还需要用户登录或启动 session_start() 才能生成。

存储容量：单个 Cookie 保存的数据大小通常不能超过 4 kB，而且很多浏览器都限制一个站点最多保存 20 个 Cookie。相比之下，Session 对数据的存储大小没有限制。

生命周期：Cookie 有设置存储时间的功能，可以保存在用户的设备上直到过期。而 Session 通常会在一定时间内保存在服务器上，当访问增多时，会比较占用服务器的性能。

2. 联系

协同工作：很多时候，Cookie 和 Session 是协同工作的。客户端将请求和 Cookie 发送至服务器，服务器根据唯一的 Session ID 和 Cookie 来辨别用户。这样既可以增加安全机制，也可以方便用户操作。

依赖关系：当服务器端生成一个 Session 时，会向客户端发送一个 Cookie，这个 Cookie 保存的是 Session 的 Session ID。这样，客户端在发起请求时，服务器就能准确匹配到已经保存了该用户信息的 Session，确保用户在不同页面之间传值时的正确匹配。

项目实践

任务1　用户登录与身份验证

任务分析

为了满足"不忘初心，牢记使命"主题教育答题网站的需求，首先需要构建一个登录页面login.php，让用户能够输入用户名和密码以启动身份验证流程。接下来，需要开发一个登录验证页面login_process.php，该页面负责接收用户在login.php中输入的用户名和密码，并与正确的用户名和密码进行比对，以验证用户的身份。一旦验证通过，用户的身份信息将被存储在Session变量中，从而实现用户登录状态的跟踪。此外，为了实现7天内免登录的功能，系统将利用Cookie来存储用户的登录状态信息，设置适当的过期时间，确保用户在7天内无须再次输入用户名和密码即可保持登录状态。在整个开发过程中，需要确保系统的安全性，并注重用户体验，确保登录流程简洁、直观且易于操作。最终目标是提供一个稳定、安全、高效的登录系统，为后续的答题功能提供支撑。

任务实施

（1）登录页面login.php。

登录页面login.php包含用户名和密码输入框、7天内免登录选项（复选框）、提交按钮。当用户点击"登录"按钮时，通过表单提交用户信息到login_process.php页面。

```
1    <!DOCTYPE html>
2    <html>
3      <head>
4        <meta charset="UTF-8">
5        <meta name="viewport" content="width=device-width, initial-scale=1.0">
6        <title>"不忘初心，牢记使命" 主题教育答题-登录页面</title>
7        <link rel="stylesheet" href="styles.css"> <!-- 链接到CSS样式文件 -->
8      </head>
9      <body>
10       <div class="container">
11         <h1>"不忘初心，牢记使命"</h1>
12         <h2>主题教育答题-登录页面</h2>
13         <form method="post" action="login_process.php"> <!-- 登录验证在login_process.php中 -->
```

```
14            <label for="username">用户名:</label>
15            <input type="text" id="username" name="username" required>
16            <br>
17            <label for="password">密码:</label>
18            <input type="password" id="password" name="password" required>
19            <br>
20             <input type="checkbox" id="remember_me" name="remember_me">7天内免登录
21            <br>
22            <input type="submit" value="登录">
23        </form>
24    </div>
25  </body>
26  </html>
```

以上代码中，登录表单使用 POST 方法提交数据到 login_process.php 文件进行处理。表单中包含两个必填字段：用户名（username）和密码（password），以及一个可选的复选框（remember_me），用于选择是否记住登录状态。最后，表单包含一个提交按钮（submit），用于提交表单数据。

（2）CSS 样式文件 styles.css。

使用 CSS 样式对登录页面进行页面布局和美化，确保界面友好且易于使用。

```
1   body {
2     font-family: 'Arial', sans-serif;
3     background-color: #f2dbdb; /* 背景颜色 */
4     background-image: url('background.jpg'); /* 背景图片 */
5     background-size:cover; /* 背景图片覆盖整个页面 */
6     background-position: center; /* 背景图片居中显示 */
7   }
8   .container {
9     max-width: 400px;
10    margin: 0 auto;
11    padding: 70px;
12    background-color: #fff;
13    box-shadow: 0 0 10px rgba(0, 0, 0, 0.1);
14    border-radius: 5px;
15  }
16  h1, h2 {
17    text-align: center;
18    color: #333;
19  }
```

```css
20    form {
21        margin-top: 20px;
22    }
23    input[type="text"], input[type="password"] {
24        width: 100%;
25        padding: 10px;
26        margin-bottom: 10px;
27        border-radius: 3px;
28        border: 1px solid #ccc;
29    }
30    input[type="submit"] {
31        width: 100%;
32        padding: 10px;
33        background-color: #5cb85c; /* 绿色按钮 */
34        color: #fff;
35        border: none;
36        border-radius: 3px;
37        cursor: pointer;
38    }
39    input[type="submit"]:hover {
40        background-color: #4cae4c; /* 鼠标悬停时的颜色 */
41    }
```

以上代码定义了登录页面的样式。第1—7行通过设置body标签样式，将整个页面的背景颜色设置为浅粉色（#f2dbdb），并添加了一张背景图片（background.jpg），该图片被拉伸以覆盖整个页面，并居中显示。第8—15定义了一个名为".container"的类，该类用于包含登录表单和其他内容。这个容器有最大宽度限制，并自动在其父元素中居中。它有一个白色背景，带有轻微的阴影和圆角边框。第16—19行将h1和h2标签的文本设置为居中对齐，并且将颜色设置为深灰色。第20—22行定义了登录表单margin-top属性以确保它距离页面顶部有一定的空间。第23—29行将表单中的文本输入框和密码输入框都设置为100%宽度，有一定的内边距和圆角边框。第30—41行定义提交按钮为100%宽度、绿色背景、白色文字和无边框。当鼠标悬停在按钮上时，背景颜色会变为稍浅的绿色。

保存以上代码到项目07中的AnsweringWebsite文件夹后，在浏览器中访问"http://localhost/项目07/AnsweringWebsite/login.php"。登录页面运行结果如图7-12所示。

图7-12 登录页面

（3）登录验证页面 login_process.php。

该页面接收 login.php 页面提交的登录信息（用户名、密码、是否需要7天内免登录），并对提交的信息进行验证，这通常涉及与数据库中的用户信息进行比对。此处先预设用户名和密码。如果验证成功，将用户身份保存到 Session 变量中，以实现用户登录状态的跟踪。同时，为用户设置一个 Cookie，存储登录状态信息，实现7天内免登录功能。若验证失败，则弹窗提示用户名或密码错误，并返回页面到 login.php 页面重新输入。

```php
1   <?php
2   session_start();
3   // 检查用户是否已经登录，如果登录则跳转到答题页面
4   if (isset($_POST['username']) && isset($_POST['password'])) {
5       $username = $_POST['username'];
6       $password = $_POST['password'];
7       // 这里假设用户名和密码都是 "admin"，实际应用中应该从数据库验证
8       if ($username === 'admin' && $password === 'admin') {
9           $_SESSION['username'] = $username;
10          if (isset($_POST['remember_me']) && $_POST['remember_me'] === 'on') {
11              // 设置Cookie，有效期为7天
12              setcookie('username', $username, time() + (7 * 24 * 60 * 60));
13          }
14          header('Location: answer.php'); // 跳转到答题页面
15          exit;
16      } else {
17          echo "<script>alert('用户名或密码错误！');history.go(-1)</script>";
18      }
19  }
```

```
20      // 检查是否通过Cookie登录
21      if (isset($_COOKIE['username'])) {
22          $_SESSION['username'] = $_COOKIE['username'];
23      }
24  ?>
```

以上代码中，第 2 行首先启动了一个会话（Session），第 4 行检查是否有通过 POST 方法提交的用户名和密码。如果有，先验证这些凭据（在本案例中，简单地检查用户名和密码是否都是"admin"，但在实际应用中应该从数据库中进行验证）。如果凭据有效，第 9 行将在会话（Session）中存储用户名，并检查是否选择了"7 天内免登录"选项。如果选择了这个选项，还会设置一个有效期为 7 天的 Cookie 来存储用户名。然后，重定向用户到答题页面（answer.php）。如果凭据无效，会显示一个 JavaScript 警告框提示用户用户名或密码错误，并将用户带回前一个登录页面。第 21—23 行检查是否通过 Cookie 登录。如果是，将在会话中存储用户名，这样用户就不需要每次都重新登录。

任务2　答题功能实现

任务分析

针对"不忘初心，牢记使命"主题教育答题网站的开发需求，创建一个名为 answer.php 的答题页面。这个页面的核心功能是展示题目并提供用户答题的界面，支持单选题和多选题两种题型。在开发过程中，需要确保在用户访问 answer.php 页面时进行登录验证，如果用户未登录，则通过 PHP 的重定向功能将其引导至登录页面。为了实现这一功能，我们将利用 PHP 的会话管理（Session）来检查用户的登录状态。

任务实施

（1）答题页面 answer.php。

设计并开发答题页面 answer.php，根据用户的登录状态显示相应的题目。页面应包含题目内容、选项（单选或多选）以及提交按钮。

```
1   <?php
2       session_start();
3       // 检查用户是否登录，如果没有登录则跳转到登录页面
4       if (!isset($_SESSION['username'])) {
5           echo "<script>alert('请先登录再答题！');</script>";
6           header('Location: login.php');
```

```
7            exit;
8        }
9        $username = $_SESSION['username'];
10   ?>
11   <!DOCTYPE html>
12   <html>
13     <head>
14       <meta charset="UTF-8">
15       <meta name="viewport" content="width=device-width, initial-scale=1.0">
16       <title>答题页面</title>
17       <link rel="stylesheet" href="styles1.css">  <!-- 链接到CSS样式文件 -->
18     </head>
19     <body>
20       <div class="main">
21         <h3>"不忘初心,牢记使命"主题教育答题</h3>
22         <!-- 题目内容 -->
23         <form method="post" action="exam_total.php">
24           <!-- 单选题 -->
25           <div>
26             <div class="question-type">一、单选题</div>
27             <div class="question-each">
28               <!-- 标题 -->
29               <div>1.中国共产党人的初心和使命,就是为中国人民(  ),为中华民族(  )。这个初心和使命是激励中国共产党人不断前进的根本动力。</div>
30               <!-- 选项 -->
31               <div class="question-option">
32                 <label><input type="radio" value="A" name="question1" required>A.谋幸福,谋未来</label>
33                 <label><input type="radio" value="B" name="question1" required>B.谋生活,谋复兴</label><br/>
34                 <label><input type="radio" value="C" name="question1" required>C.谋幸福,谋复兴</label>
35                 <label><input type="radio" value="D" name="question1" required>D.谋生活,谋未来</label>
36               </div>
37             </div>
38             <div class="question-each">
39               <!-- 标题 -->
40               <div>2.(  )是实现社会主义现代化、创造人民美好生活的必由之路。</div>
41               <!-- 选项 -->
```

```
42                <div class="question-option">
43                    <label><input type="radio" value="A" name="question2" required>A.中国特色社会主义道路</label><br/>
44                    <label><input type="radio" value="B" name="question2" required>B.中国特色社会主义理论体系</label><br/>
45                    <label><input type="radio" value="C" name="question2" required>C.中国特色社会主义制度</label><br/>
46                    <label><input type="radio" value="D" name="question2" required>D.中国特色社会主义文化</label>
47                </div>
48            </div>
49        </div>
50        <!-- 多选题 -->
51        <div>
52            <div class="question-type">二、多选题</div>
53            <div class="question-each">
54                <!-- 标题 -->
55                <div>1.下列哪些属于党员的权利(   )。</div>
56                <!-- 选项 -->
57                <div class="question-option">
58                    <label><input type="checkbox" value="A" name="question3[]">A.参加党的有关会议,阅读党的有关文件</label><br/>
59                    <label><input type="checkbox" value="B" name="question3[]">B.接受党的教育和培训</label><br/>
60                    <label><input type="checkbox" value="C" name="question3[]">C.对党的工作提出建议和倡议</label><br/>
61                    <label><input type="checkbox" value="D" name="question3[]">D.行使表决权、选举权</label><br/>
62                </div>
63            </div>
64            <div class="question-each">
65                <!-- 标题 -->
66                <div>2.发展是我们党执政兴国的第一要务。必须坚持以人民为中心的发展思想,坚持(   )、共享的发展理念。</div>
67                <!-- 选项 -->
68                <div class="question-option">
69                    <label><input type="checkbox" value="A" name="question4[]">A.创新</label><br/>
70                    <label><input type="checkbox" value="B" name="question4[]">B.协调</label><br/>
71                    <label><input type="checkbox" value="C" name="question4[]">C.绿
```

```
72              色</label><br/>
                <label><input type="checkbox" value="D" name="question4[]">D. 开
        放</label><br/>
73              </div>
74          </div>
75        </div>
76        <div>
77          <input type="submit" value="交卷" class="btn">
78        </div>
79      </form>
80    </div>
81  </body>
82  </html>
```

以上代码中，第 2 行首先启动会话（Session），第 4—9 行检查用户是否已经登录（通过检查会话中是否存在用户名）。如果用户没有登录，则显示一个 JavaScript 警告框提示用户登录，并将用户重定向到登录页面。如果用户已经登录，则用户名会从会话中提取出来。页面部分是一个包含多个问题的表单。问题类型有单选题和多选题，有一个提交按钮，用户点击后可以提交答案。表单使用 POST 方法提交数据到 exam_total.php 文件进行处理。

（2）样式文件 styles1.css。

使用 CSS 对答题页面 answer.php 进行美化，确保题目和选项清晰可读。

```
1   body {
2       padding: 0 20px;
3   }
4   h3 {
5       text-align: center;
6   }
7   .main {
8       width: 430px;
9       margin: 10px auto;
10      background: #f8f8f8;
11      padding: 10px;
12      border-radius: 8px;
13  }
14  .question-option label {
15      display: inline-block;
16      height: 30px;
17      line-height: 30px;
```

```
18    }
19    .btn {
20        padding: 8px 20px;
21        background-color: #2795F7;
22        color: #ffffff;
23        border: none;
24        border-radius: 5px;
25        margin-top: 10px;
26        width: 90%;
27    }
28    .question-type {
29        font-weight: bold;
30        margin: 10px 0;
31    }
32    .question-each {
33        margin-top: 10px;
34    }
```

以上代码中，第 1—3 行 body 选择器设置了页面主体的内边距（padding），在左右两侧各有 20 像素的空间。4—6 行 h3 选择器使所有三级标题（<h3> 元素）文本居中显示。7—13 行 .main 类选择器定义了一个宽度为 430 像素、外边距（margin）上下为 10 像素、左右自动居中（auto）、背景色为浅灰色（#f8f8f8）、内边距为 10 像素、且带有 8 像素圆角（border-radius）的容器。这个容器是用来包裹答题内容的主要区块。14—18 行 .question-option label 选择器设置了选项标签的显示方式为内联块级元素（inline-block），并设置高度和行高均为 30 像素，使得选项标签在视觉上表现为一行文字，高度统一。19—27 行 .btn 类选择器定义了一个按钮的样式，包括内边距、背景色（#2795F7，一种蓝色）、字体颜色（白色）、无边框（border: none）、5 像素的圆角、上边距为 10 像素，以及宽度为父容器宽度的 90%。这个按钮是用于提交答题的"交卷"按钮。28—31 行 .question-type 类选择器使问题类型标题（如"单选题""多选题"）加粗显示，并在上下各有 10 像素的外边距。32—34 行 .question-each 类选择器为每个问题设置了 10 像素的上外边距，确保每个问题之间有适当的间距。

任务 1 中用户输入正确的用户名和密码后将跳转到答题页面，效果如图 7-13 所示。若没有登录直接访问答题页面则会直接跳转到登录页面使用户登录后再答题。

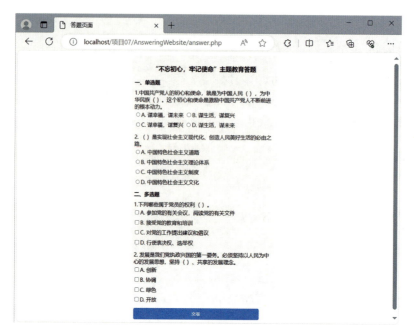

图7-13 答题页面

任务3 答题成绩统计与展示

任务分析

为了实现网站的成绩统计功能，开发一个名为"exam_total.php"的页面。这个页面的核心任务是在用户提交答案后，立即对用户的答案与预设的正确答案进行比对，精准计算用户的得分，并将这次答题的记录实时更新到 $_SESSION[] 中，以便在用户的整个会话期间持续跟踪其答题表现。

在用户提交答案的处理逻辑中，我们需要编写 PHP 代码来逐题对比用户的答案与正确答案，根据匹配程度给出相应的分数。随后，这些分数将被用来更新用户在 $_SESSION 中的答题记录，包括本次答题成绩、历史最高成绩、历史最低成绩、总答题次数以及答对的题目数量等关键信息。

最终，exam_total.php 页面将从 $_SESSION 中提取这些统计信息，并以清晰、直观的方式展示给用户。用户将能够一目了然地看到自己的答题成绩和进步情况，从而更好地参与到主题教育答题活动中去。通过这一功能的实现，我们将为用户提供一个实时、互动且个性化的学习体验，有力地支撑"不忘初心，牢记使命"主题教育的深入开展。

任务实施

(1) 成绩统计页面 exam_total.php。

设计并开发成绩统计页面 exam_total.php，根据用户的登录身份展示其答题成绩信息。页面包含用户名称、本次答题成绩、最高成绩、最低成绩、答题次数以及正确答案。

```
1    <!DOCTYPE html>
2    <html>
3      <head>
4        <meta charset="UTF-8">
5        <meta name="viewport" content="width=device-width, initial-scale=1.0">
6        <title>"不忘初心，牢记使命" 主题教育答题-成绩统计页面</title>
7        <link rel="stylesheet" href="styles2.css"> <!-- 链接到CSS样式文件 -->
8      </head>
9      <body>
10       <?php
11       session_start();
12       if (!isset($_SESSION['username'])) {
13         echo "<script>alert('请先登录再查看成绩！');</script>";
14         header('Location: login.php');
15         exit;
16       }
17       else{
18         $username = $_SESSION['username'];
19         echo "<h2>".$username."您好！欢迎参与'不忘初心，牢记使命'主题教育答题活动</h2>";
20       }
21       // 定义正确答案
22       $correctAnswers = [
23         'question1' => 'C',
24         'question2' => 'A',
25         'question3' => ['A', 'B', 'C', 'D'], // 多选题答案是一个数组
26         'question4' => ['A', 'B', 'C', 'D'],
27       ];
28       // 初始化得分
29       $score = 0;
30       // 检查每个问题的答案
31       if (isset($_POST['question1'])) {
32         if ($_POST['question1'] === $correctAnswers['question1']) {
33           $score += 2; // 单选题每题2分
34         }
```

```php
35        }
36        if (isset($_POST['question2'])) {
37            if ($_POST['question2'] === $correctAnswers['question2']) {
38                $score += 2;
39            }
40        }
41        if (isset($_POST['question3'])) {
42            if ($_POST['question3'] === $correctAnswers['question3']) {
43                $score += 3; // 多选题每题3分
44            }
45        }
46        if (isset($_POST['question4'])) {
47            if ($_POST['question4'] === $correctAnswers['question4']) {
48                $score += 3;
49            }
50        }
51        // 显示得分
52        echo "<table border='1'>";
53        echo "<tr><td style='font-weight:bold;'>您本次的得分是：</td><td>{$score}分（满分10分）</td>";
54        if (!isset($_SESSION['scores'])) {
55            $_SESSION['scores'] = [];
56        }
57        //获取最高分、最低分及答题次数
58        $_SESSION['scores'][] = $score;
59        $_SESSION['highest_score'] = max($_SESSION['scores']);
60        $_SESSION['lowest_score'] = min($_SESSION['scores']);
61        $_SESSION['attempt_count'] = count($_SESSION['scores']);
62         echo "<tr><td style='font-weight:bold;'>您的最高分是：</td><td>{$_SESSION['highest_score']}分</td>";
63         echo "<tr><td style='font-weight:bold;'>您的最低分是：</td><td>{$_SESSION['lowest_score']}分</td>";
64         echo "<tr><td style='font-weight:bold;'>您共答题：</td><td>{$_SESSION['attempt_count']}次</td>";
65        echo "</table>";
66        // 显示每个问题的正确答案
67        echo "<h3>正确答案：</h3>";
68        echo "<table border='1'>";
69        echo "<tr><td>题型</td><td>答案</td></tr>";
70         echo "<tr><td>一、单选题:</td><td>1:{$correctAnswers['question1']}<br>2:{$correctAnswers['question2']}</td>";
```

```
71        echo "<tr><td>二、多选题:</td><td>1: " . implode(', ', $correctAnswers['question3'])."<br>2: " . implode(', ', $correctAnswers['question4']) ;
72    ?>
73    </body>
74  </html>
```

以上代码中,首先启动了会话(session_start()),以便能够访问存储在用户会话中的信息。第 12—20 行检查用户是否已经登录(通过检查 $_SESSION['username'] 是否存在)。如果用户未登录,会通过 JavaScript 的 alert() 函数提示用户先登录,然后重定向到登录页面(login.php)。如果用户已登录,它会从会话中获取用户名,并在页面上显示一条欢迎消息。第 21—27 行定义了一个包含正确答案的数组 $correctAnswers,并为每个问题分配了相应的正确答案。第 29 行初始化了一个变量 $score,用于存储用户的得分。第 31—50 行检查用户提交的每个问题的答案(通过 $_POST 数组),并与正确答案进行比较。如果答案正确,它会相应地增加用户的得分。第 53 行代码显示用户的当前得分(满分为 10 分)。第 54—61 行检查用户之前的得分(存储在 $_SESSION['scores'] 数组中),并计算用户的最高分、最低分和答题次数。第 62—64 行显示这些统计信息。第 67—71 行显示每个问题的正确答案。

(2)样式文件 styles2.css。

使用 CSS 对成绩统计页面 exam_total.php 进行美化。

```css
1   /* 居中body内容 */
2   body {
3       background-color: #f2dbdb; /* 背景颜色 */
4       text-align: center;
5       font-family: Arial, sans-serif;
6       margin: 0;
7       padding: 20px;
8   }
9   /* 表格样式 */
10  table {
11      border-collapse: collapse;
12      width: 100%;
13      max-width: 600px; /* 可选:限制表格最大宽度 */
14      margin: 0 auto; /* 可选:使表格在body中水平居中 */
15      border: 1px solid black;
16  }
17  /* 单元格样式 */
18  table td {
19      border: 1px solid black;
```

```
20        padding: 8px;
21        font-weight: bold; /* 设置字体加粗 */
22    }
```

以上代码中，第 2—8 行 body 部分设置了背景颜色、文本居中对齐、字体以及页边距和内边距。第 10—16 行 table 部分则定义了表格的边框合并、宽度、最大宽度以及边框样式，并且通过将左右外边距设置为 auto 来实现表格在 body 中的水平居中。最后，第 18—22 行 table td 部分定义了单元格的边框、内边距以及字体加粗样式。

在任务 2 中，用户提交答题结果后跳转到成绩统计页面，会显示包含用户名称的欢迎语，以及用户本次答题成绩、最高成绩、最低成绩、答题次数和正确答案。效果如图 7-14 所示。

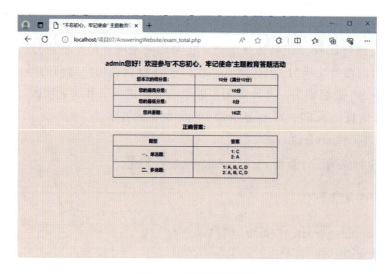

图7-14　成绩统计页面

项目小结

林林在完成"不忘初心，牢记使命"主题教育答题网站项目的过程中，深入学习了表单设计、Cookie 管理和 Session 管理等多个关键领域的知识。通过表单设计，优化了用户交互体验，确保了数据的准确性和安全性。在 Cookie 管理方面，深入理解了 Cookie 的工作原理，并学习了其创建、读取和删除功能，为网站提供了用户状态管理和个性化设置。同时，还掌握了 Session 的启动、使用和删除等操作，实现了对用户会话状态的有效跟踪和管理。最后，厘清了 Cookie 与 Session 的区别与联系，为未来的项目开发提供了宝贵的经验。整个项目不仅提升了林林的技术能力，也为他带来了深刻的学习体验和成就感。为了便于巩固所学，林林做了一个思维导图对本项目知识点进行梳理，如图 7-15 所示。

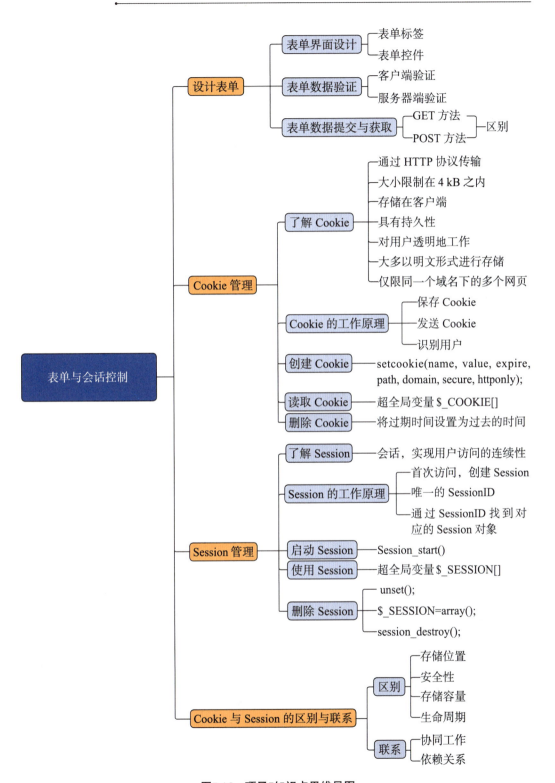

图7-15 项目7知识点思维导图

成长驿站

在深入学习和应用表单、Cookie 与 Session 这些技术的过程中，我们不仅是在掌握一项技能，更是在经历一次思想的洗礼和精神的升华。表单的设计如同人生的规划，需要我们深思熟虑、周密布局，以逻辑和条理来展现自己的思想和意图；Cookie 的管理则像是对人际关系的维护，需要我们真诚待人、细心呵护，用尊重和信任来建立长久的联系；而 Session 的应用则如同人生的旅程，有起有落、有始有终，需要我们坚定信念、保持恒心，以毅力和耐心走过每一个阶段。

让我们以坚定的理想信念为指引，用智慧和汗水共同书写青春的华章，为实现中华民族伟大复兴的中国梦贡献力量！

项目实训

1. 实训要求

编写 PHP 程序，使用表单和 Session 完成 e 点网络科技公司购物网站"宜点智慧市集"商品购买页面及购物车页面。

（1）商品购买页面显示效果如图 7-16 所示。

（2）购物车页面显示效果如图 7-17 所示。

图7-16　商品购买页面　　　　图7-17　购物车页面

2. 实训步骤

步骤 1：使用表单完成商品购物页面的开发。

步骤 2：为商品购物页面添加样式文件进行页面美化。

步骤 3：使用 Session 实现购物车的功能，存储用户添加的商品信息；单击"购买"按钮，可以将选中的商品加入购物车；单击"查看购物车"按钮，可以查看购物车的情况；单击"修改数量"按钮，可以修改已选商品的数量；单击"撤销购物"按钮，可以删除已选中的商品；单击"清空"按钮，可以将所选商品全部删除；单击"继续购物"按钮，可以跳转到商品购物页面继续添加商品；单击"刷新"按钮，可以重置当前的表单内容。

项目习题

一、填空题

1. 在 PHP 中，要获取表单提交的数据，应该使用 _____ 函数。

2. Cookie 和 Session 的区别在于，Cookie 数据存储在客户端的浏览器中，而 Session 数据存储在服务器端。此外，Cookie 的数据量较小，适合存储简单的数据，而 Session 适合存储较大的数据集或敏感信息。_____ 是用来在客户端存储数据的，而 _____ 是用来在服务器端存储数据的。

3. 在 PHP 中，要获取表单中名为"username"的输入框的值，可以使用 $_POST['_____']。

4. 在 PHP 中，表单的 action 属性指定了提交表单后数据将发送到的 _____。

5. 在 PHP 中，要设置一个名为 user_id、值为 123 的 cookie，可以使用 setcookie ('_____', '123')。

二、选择题

1. 在 PHP 中，表单数据的默认提交方式是哪种？（   ）
   A. GET　　　　　　　　　　　　B. POST
   C. PUT　　　　　　　　　　　　D. DELETE

2. 在 PHP 中，cookie 数据存储在哪个位置？（   ）
   A. 服务器端　　　　　　　　　　B. 客户端浏览器
   C. 数据库　　　　　　　　　　　D. 会话

3. 以下哪个函数用于设置 Cookie 的值？（   ）
   A. set_cookie()　　　　　　　　B. setCookie()
   C. set_cookie_value()　　　　　D. setCookieValue()

4. 要启动一个新的 Session，应使用哪个函数？（　　）

    A. session_start()　　　　　　　　B. session_open()

    C. session_init()　　　　　　　　　D. session_create()

5. 要将变量存储到 session 中，应使用哪种语法？（　　）

    A. $_SESSION['key'] = $value;　　　B. $_SESSION = array('key' => $value);

    C. session_set_value('key', $value);　D. session_register('key', $value);

6. 要销毁一个 Session，应使用哪个函数？（　　）

    A. session_destroy()　　　　　　　B. session_unset()

    C. session_close()　　　　　　　　D. session_reset()

7. 以下哪个属性用于设置 Cookie 的有效期？（　　）

    A. expire　　　　　　　　　　　　B. duration

    C. expiration　　　　　　　　　　D. validity

8. 在 PHP 中，要删除一个 Cookie，需要设置其过期时间为哪个？（　　）

    A. 当前时间之前　　　　　　　　B. 当前时间

    C. 当前时间之后　　　　　　　　D. 任意时间

项目 8

文件操作系统——目录和文件

情景导入

林林想在 PHP 中实现对文件进行访问和操作,以便对文件内容进行读写、重命名和删除,并实现文件的上传、下载等功能。在日常生活和工作中,文件管理是一个至关重要的环节,无论是个人用户还是企业机构,都需要有效地管理大量的文件和数据。下面我们将和林林一起构建一个基于 PHP 的文件操作系统。

项目目标

1. 知识目标

◆掌握打开/关闭文件的操作。
◆掌握读取/写入文件的操作。
◆了解查看文件和目录的相关知识。
◆掌握目录处理相关函数的应用。
◆掌握文件上传下载的相关知识。

2. 技能目标

◆掌握文件的打开、关闭、读取和写入操作,能够通过不同的方式读取和写入文件内容。
◆掌握文件重命名、复制和删除操作,以及目录的创建、删除和遍历操作,能够运用相关函数完成这些操作。
◆掌握文件上传操作,能够通过表单上传文件并在 PHP 中接收上传的文件。

3. 素养目标

◆培养逻辑思维、辩证思维和创新思维能力。
◆提升科学精神、培养爱国主义情怀。
◆养成文件备份的良好习惯,增强防患于未然的意识。
◆能够领会 PHP 中文件上传的作用,学以致用。

知识准备

掌握文件和目录处理对 Web 开发非常必要。因为我们经常需要对文件进行操作，如上传附件、上传用户头像、判断文件是否存在、通过文件保存数据、删除文件等。PHP 提供了一系列的文件操作函数，可以很方便地对文件、目录进行操作。本项目将针对 PHP 的文件操作，以及文件的上传和下载进行详细讲解。

8.1 文件处理

文件处理包括打开、读取、关闭、重写文件等。访问一个文件一般需要 3 步：打开文件、读写文件和关闭文件。

8.1.1 打开/关闭文件

打开 / 关闭文件使用 fopen() 和 fclose() 函数。

1. 打开文件

对文件内容执行任何操作前都需要首先将其打开，在 PHP 中使用 fopen() 函数打开文件，其语法格式如下：

resource fopen(string $filename, string $mode [, bool $use_include_path = false [, resource $context]])

第 1 个参数 filename 是要打开的包含路径的文件名，不仅可以是本地文件，而且可以是 HTTP 或 FTP 协议的 URL 地址。如果 filename 没有任何前缀，则表示打开的是本地文件。

第 2 个参数 mode 是指打开文件的方式，可取值及说明如表 8-1 所示。

表8-1 fopen()函数中参数mode的取值说明

取值	说明
r	只读模式——以只读方式打开文件，文件指针位于文件开头
r+	读写模式——以读写方式打开文件，文件指针位于文件开头
w	只写模式——以只写方式打开文件，若文件存在，则将文件指针指向文件头，并将文件长度清0，即该文件内容会被删除；否则尝试建立该文件

续表

取值	说明
w+	读写模式——以读写方式打开文件，若文件存在，则将文件指针指向文件头，并将文件长度清0，即该文件内容会被删除；否则尝试建立该文件
a	以附加的方式打开只写文件，文件指针指向文件尾。若文件存在，写入的数据会被加到文件尾后，即文件原先的内容会被保留；若文件不存在，则会创建该文件
a+	以附加的方式打开可读写的文件，文件指针指向文件尾。若文件存在，写入的数据会被加到文件尾后，即文件原先的内容会被保留；若文件不存在，则会创建该文件
b	二进制模式——以二进制模式打开文件。若文件系统能够区分二进制文件和文本文件，可能会使用它。Windows可以区分，Unix则不区分，推荐使用该选项，便于获得最大程度的可移植性。它是默认模式
t	文本模式——用于与其他模式的结合，Unix系统使用"\n"作为行结束字符，Windows系统使用"\r\n"作为行结束字符，该模式只是Windows下的一个选项
x	只写。创建新文件。如果文件已存在，则返回 FALSE 和一个错误
x+	读/写。创建新文件。如果文件已存在，则返回 FALSE 和一个错误

注释：如果 fopen() 函数无法打开指定文件，则返回 0（或 false）。对于除"r"和"r+"模式外的其他操作，如果文件不存在，会尝试自动创建。

第 3 个参数 use_include_path 是可选的参数，决定是否在 include_path 定义的目录中搜索 filename 文件。可将该参数设置为 1 或者 true。

第 4 个参数 context 用于资源流上下文操作，用于控制流的操作特性。一般情况下只需使用默认的流操作设置，不需要使用此参数。

2. 关闭文件

对文件操作结束后应关闭文件，以释放打开的文件资源。关闭文件使用 fclose() 函数。其语法格式如下：

bool fclose (resource $file)

参数 file 为已打开文件的资源对象，也就是要关闭的文件，该资源对象必须有效，否则将返回 false。

案例8-1： 在"project08"文件夹中创建文件"eg0801.php"，然后创建一个文本"demo.txt"，在 eg0801.php 页面输入如下代码。

```
1    <?php
2        if (($file = fopen("demo.txt","r"))== false)
3        //使用条件语句判断是否打开文件失败
4        {
5            die("使用只读方式打开"demo.txt"文件失败<br>");
6            //失败则输出语句
```

```
7      }
8    else
9      echo "使用只读方式打开"demo.txt"文件成功<br>";
10     if (fclose($file)){        //使用条件语句判断是否关闭文件成功
11       echo "成功关闭"demo.txt"文件<br>";
12     }else
13       echo "关闭"demo.txt"文件失败<br>";
14   ?>
```

该案例在浏览器中的显示结果如图 8-1 所示。

图8-1　创建文件的运行结果

8.1.2　从文件中读取数据

PHP 中读取文件的方法有多个，下面介绍几个常用函数。

1. 读取整个文件——readfile() 函数、file() 函数和 file_get_contents() 函数

（1）readfile() 函数。

常用于读取整个文件，并将其写入输出缓冲，如出现错误则返回 false。其语法格式如下：

int readfile (string $filename [, bool $use_include_path [, resource $context]])

使用 readfile() 函数，不需要打开 / 关闭文件，也不需要 echo()、print() 等输出语句，只需要给出文件路径即可。它的第 2 个参数和第 3 个参数与 fopen() 函数的第 3、4 个参数类似。

（2）file() 函数。

可用于读取整个文件内容，它是将文件内容按行读入一个数组中，数组的每一项对应文件中的一行，包括换行符在内，如出现错误则返回 false。其语法格式如下：

array file (string $filename [, int $flags = 0 [, resource $context]])

使用 file() 函数，也不需要打开 / 关闭文件，它将文件作为一个数组返回，如失败则返回 false。

（2）file_get_contents() 函数。

可用于读取整个文件内容，它是将文件读入一个字符串中。其语法格式如下：

string file_get_contents (string $filename [,bool $use_include_path = false [, resource $context [, int $offset = −1 [, int $maxlen]]]])

该函数适用于二进制文件，如果有 offset 和 maxlen 参数，将从参数 offset 所指定的位置开始读取长度为 maxlen 的字符串，如读取失败则返回 false。

案例 8-2：使用三种方法读取文件。在"project08"文件夹中创建文件"eg0802.php"，输入如下代码。

```
1   <html
2     <body>
3       <h3>使用三种方法读取文件</h3>
4       <?php
5         header("Content-type:text/html; charset = utf-8");
6         $file = "demo.txt";
7         echo "第1种读取方法如下:";
8         readfile($file);                //使用readfile()函数读取文件内容
9         echo "<hr>";
10        $txt = file($file);             //使用file()函数读取文件内容
11        echo "第2种读取方法如下:";
12        foreach ($txt as $t)
13        {
14           echo $t ."<br>";
15        }
16        echo "<hr>";
17        echo "第3种读取方法如下:";
18        echo file_get_contents($file);//使用file_get_contents()函数读取文件内容
19      ?>
20    </body>
21  </html>
```

该案例在浏览器中的显示结果如图 8-2 所示。

图8-2 从文件中读取数据的运行结果

2. 读取文件中任意长度的字符串——fread() 函数

在 PHP 中，fread() 函数可用于读取文件中任意长度的字符串。其语法格式如下：

string fread (resource $file, int $length)

参数 file 定义要读取的文件；参数 length 定义要读取的字节数。该函数在读取完 length 个字节数，或到达 EOF（end of file，文件结束标志）时就停止读取文件。

案例 8-3：读取文件中的内容。在"proiect08"文件夹中创建文件"eg0803.php"，输入如下代码。

```
1    <?php
2        $filename = "demo.txt";
3        $file = fopen("demo.txt","r") or exit("Unable to open file!");
4        //打开文件，若文件不存在会给出提示信息
5        echo fread($file,"15");
6        //使用fread()函数读取文件内容的前15个字节
7        echo "<hr>";
8        echo fread($file,filesize($filename));
9        //使用fread()函数读取文件的其余内容
10       fclose($file);  //关闭文件
11   ?>
```

该案例在浏览器中的显示结果如图 8-3 所示。

图8-3 读取文件中任意长度的字符串的运行结果

3. 读取文件中的一行字符——fgets() 函数和 fgetss() 函数

当文本内容较多时，可以采取逐行读取文件的方式。使用 fgets() 函数可以从打开的文件中读取一行字符。其语法格式如下：

string fgets (resource $file, int $length)

该函数从 file 指向的文件中读取一行，并返回长度最多为 length-1 字节的字符串。在碰到换行符（包括在返回值中）、EOF 或者已经读取了 length-1 字节后停止。如果

没有设置参数 length，则默认为 1 kB，或者说 1024 字节。若失败，则返回 false。

注：fgetss() 函数是 fgets() 函数的变体，用于读取一行数据，同时 fgetss() 函数会过滤掉被读取内容中的 HTML 和 PHP 标记。其语法格式如下：

string fgetss (resource handle [, int length [, string allowable_tags]])

这里第 3 个参数 allowable_tags 主要用于控制部分标记不被去掉。

案例 8-4：应用 fgets() 和 fgetss() 两个函数分别输出文本文件的内容，看两者区别。在"project08"文件夹中创建文件"eg0804.php"，再在当前目录下新建一个"test.php"。首先在 test.php 页面输入如下代码。

```
1    <html>
2      <body>
3        <h1>Hello World</h1>
4        <p>test</p>
5      </body>
6    </html>
```

然后在 eg0804.php 页面输入如下代码。

```
1    <!-- fgets()函数读取.php文件 -->
2    <?php
3      $file = fopen('./test.php','rb');
4      while(!feof($file)){            //feof()函数测试指针是否到了文件结束的位置。
5        echo fgets($file);            //输出当前行
6      }
7      fclose($file);
8    ?>
9    <!-- fgetss()函数读取.php文件 -->
10   <?php
11     $file = fopen('./test.php','rb');
12     while(!feof($file)){            //使用feof()函数测试指针是否到了文件结束的位置
13       echo fgetss($file);           //输出当前行
14     }
15     fclose($file);
16   ?>
```

该案例在浏览器中的显示结果如图 8-4 所示。

图8-4 读取文件中的一行字符的运行结果

从上述代码和结果可以看出，gets() 函数读取的数据原样输出，没有任何变化；fgetss() 函数读取的数据，去除了文件中的 HTML 标记，输出的完全是普通字符串。

4. 读取文件的一个字符——fgetc() 函数

使用 fgetc() 函数可以从打开的文件中读取一个字符。其语法格式如下：

string fgetc (resource $file)

该函数从打开的文件中返回一个字符，遇到 EOF 时则返回 false。

案例 8-5：读取文件中一个字符。首先在"project08"文件夹中创建文件"eg0805.php"，再在当前目录下新建一个文本"test.txt"，输入如图 8-5 所示内容。

图8-5 test.txt的输入内容

然后在 eg0805.php 中输入如下代码。

```
1    <?php
2        $file = fopen("test.txt","r") or exit("Unable to open file!");  //以只读方式打开文档
3        echo fgetc($file); //使用fgetc()函数读取一个字符，并输出
4        echo "<hr>";
5        echo fgetc($file);
6        echo "<hr>";
7        echo fgetc($file);
8    ?>
```

该案例在浏览器中的显示结果如图 8-6 所示。

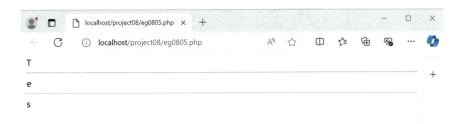

图8-6 读取文件中一个字符的运行结果

8.1.3 在文件中写入数据

在文件中写入数据，也是 PHP 的常用操作。使用 fwrite() 函数和 file_put_contents() 函数可向文件中写入数据。

1. fwrite() 函数

其语法格式如下：

int fwrite (resource $handle, string $string [,int $length])

第 1 个参数 handle 表示文件指针；第 2 个参数 string 表示要写入的字符串；第 3 个参数 length 表示指定写入的字节数，省略则表示写入整个字符串。

2. file_put_contents() 函数

它是将一个字符串写入到文件，函数执行成功则返回写入到文件中数据的字节数，失败返回 false，其基本语法格式如下。

int file_put_contents(string $filename, mixed $data [, int $flags = 0 [,resource $context]])

第 1 个参数 filename 用于指定要写入的文件路径（包含文件名称）；第 2 个参数 data 用于指定要写入的内容；第 3 个参数 flags 用于指定写入选项，可以指定的常量如下。

FILE_USE_INCLUDE_PATH：在 include_path 中查找 $filename。

FILE_APPEND：表示追加写入。

使用 file_put_contents() 函数与依次调用 fopen()、fwrite() 和 fclose() 所实现的功能一样。

案例 8-6：在文件中用这两种函数写入数据，并输出。首先在"project08"文件夹中创建文件"eg0806.php"，然后创建一个文本"demo1.txt"，并在 eg0806.php 页面输入如下代码：

```
1   <?php
2       $file = "demo1.txt";        //定义要写入数据的文档
3       $str1 = "It's not because you want to get it.";//定义要写入的字符串1
4       $str2 = "It depends on how much effort you are willing to make for it."; //定义要追加的字符串2
5       echo "先用fwrite()函数写入文件：";
6       $file1 = fopen($file,'w'); //以写入方式打开文件
7       fwrite($file1,$str1);       //将str1写入文档
8       fclose($file1);             //关闭文档
9       readfile($file);            //读取整个文档内容并输出
10      echo "<br>然后用file_put_contents()函数写入文件：";
11      file_put_contents($file,$str2,FILE_APPEND); //以追加的形式将str2写入文档
12      readfile($file);            //读取整个文档内容并输出
13  ?>
```

该案例在浏览器中的显示结果如图 8-7 所示。

图8-7 在文件中写入数据的运行结果

在读取文件时需要注意：当读取整个文件中的内容时，不需要通过 fopen()、fclose() 函数打开和关闭文件。当读取一个字符、读取一行字符和读取任意长度的字符串时，必须应用 fopen() 函数打开文件后才能进行读取，在读取完成后还要应用 fclose() 函数关闭文件。

8.1.4 其他常用文件操作函数

PHP 除了可以对文件内容进行读写外，也可以对文件本身进行操作，如删除、复制、移动和重命名文件等。常用文件操作函数如表 8-2 所示。

表8-2 常用文件操作函数

函数原型	说明	示例
unlink($filename)	删除文件，成功返回true，失败则返回false	unlink ('demo.txt')
copy($source,$dest)	将文件从source复制到dest。如果成功，返回true，失败则返回false	copy("source.txt","target.txt")

续表

函数原型	说明	示例
rename($oldname,$newname)	重命名文件,如果源文件和目标文件路径不同,可以实现文件的移动	rename("images","pictures")
feof ($file)	检测是否已到达文件末尾	$file = fopen("test.txt", "r"); while(! feof($file))
fgetss($handle)	从打开的文件中读取一行并过滤掉HTML和PHP标记	$file = fopen("test.html","r"); echo fgetss($file)
fileatime($filename)	返回文件最后一次被访问的时间,时间以Unix时间戳的方式返回	fileatime("test.txt")
filemtime($filename)	返回文件最后一次被修改的时间,时间以Unix时间戳的方式返回	filemtime("test.txt")
filesize($filename)	返回文件大小(bytes)	filesize("test.txt")
array stat($filename)	以数组形式返回关于文件的信息,如文件大小、最后修改时间等	$file=fopen("test.txt","r"); print_r(stat($file));

需要说明的是：在读写文件时，除 file()、readfile() 等少数几个函数外，其他操作必须要先使用 fopen() 函数打开文件，最后用 fclose() 函数关闭文件。文件信息函数，如 filesize()、fileatime() 等，则都不需要打开文件，只要文件存在即可。

8.2 目录处理

目录在文件系统中是一个重要的概念，可以把其解释成存储在磁盘上的文件及其他目录的索引，也可以将其视为一个文件夹。在文件夹中，可以放置其他的文件或文件夹，从而使得计算机的文件系统井井有条。要访问文件，首先要打开其所在目录。对目录的处理主要包括创建目录、打开/关闭目录，以及浏览目录等。最顶层的目录称为根目录，在 PHP 中用"/"代表，"."代表当前目录，".."代表上级目录。

8.2.1 创建目录

使用 mkdir() 函数可以创建目录，若成功则返回 true，否则返回 false。其语法格式如下：

bool mkdir(string $pathname [, int $mode = 0777 [, bool $recursive = false [,resource $context]]])

第1个参数 pathname 用于指定要创建的目录。

第2个参数 mode 是用于指定目录的访问权限（用于 Linux 环境），默认为 0777。

第 3 个参数 recursive 用于指定是否递归创建目录，默认为 false。函数执行成功返回 true，失败返回 false。

第 4 个参数 context 是指定义文件句柄的环境。

案例 8-7： 使用 mkdir() 函数创建目录。在 "project08" 文件夹中创建文件 "eg0807.php"，输入如下代码：

```
1    <?php
2        mkdir('./demo');                              // 创建目录
3        mkdir('./d/e/m/o', 0777, true);   /* 递归创建目录，将第3个参数指定为true，可以自
         动创建给定路径中不存在的目录，若省略该参数，则会创建目录失败并提示Warning错
         误*/
4        //当要创建的最后一级目录已经存在时，也会创建失败并提示Warning
5    ?>
```

程序的运行结果如图 8-8（a）所示。打开网页所在根目录，可以看到系统自动创建了上述代码中的目录，如图 8-8（b）所示。

（a）　　　　　　　　　　　　　　　　　　　（b）

图 8-8　使用 mkdir() 函数创建目录的运行结果

8.2.2　打开/关闭目录

打开/关闭目录和打开/关闭文件类似，但打开的文件如果不存在，只要不是只读方式都会自动创建一个新文件，而打开的目录如果不正确，则一定会报错。

1. 打开目录

PHP 使用 opendir() 函数来打开目录，其语法格式如下：

resource opendir (string $path[, resource $context])

第 1 个参数 path 定义要打开的合法的目录路径；第 2 个参数 context 定义目录句柄的环境。成功则返回指向该目录的指针，失败则返回 false。

如果参数 path 不是合法目录，或者由于许可限制或文件系统错误而不能打开目录，将产生一个 E_WARNING 级别的错误。可以通过在函数名称前面添加 "@" 符号来隐

藏 opendir() 的错误输出。

2. 关闭目录

PHP 使用 closedir() 函数来关闭目录，其语法格式如下：

void closedir ([resource $dir_handle])

参数 dir_handle 为要关闭的目录句柄。

案例 8-8：使用 opendir() 和 closedir() 打开/关闭目录。先手动在 project08 目录下创建一个文件夹 images，在 images 目录下放几张图片文件，然后在 project08 文件夹中创建文件 "eg0808.php"，输入如下代码。

```php
1   <?php
2       $dir = "D:/phpstudy_pro/WWW/project08/images";
3       if (is_dir($dir)){  //检测是否是一个目录
4           $dr = opendir($dir);  //打开一个目录，然后读取其内容
5           if (@$dr){  //判断打开目录是否成功，添加"@"符号来隐藏opendir()的错误输出
6               while (($file = readdir($dr)) !== false){  //循环返回目录中下一个文件的文件名
7                   echo "文件名为："  . $file . "<br>";  //输出文件名
8               }
9           }
10          else {
11              echo "路径错误";
12              exit();
13          }
14      }
15  ?>
```

该案例在浏览器中的显示结果如图 8-9 所示。

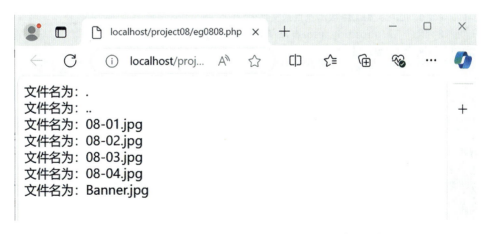

图8-9　使用opendir()和closedir()打开/关闭目录的运行结果

8.2.3 浏览目录

使用 PHP 浏览目录中的文件要用到 readdir() 函数和 scandir() 函数。

1. readdir() 函数的语法格式

string readdir(resource $dir_handle)

该函数返回目录中下一个文件的文件名，失败时返回 false。

2. scandir() 函数的语法格式

array scandir (string $directory [,int sorting_order])

第 1 个参数 directory 定义要扫描的目录；第 2 个参数 sorting_order 定义排列顺序，默认按字母升序排序，如设置了该参数，则按降序排序；该函数返回一个数组，包含 directory 中的所有目录和文件。

案例 8-9：使用 scandir() 函数和 readdir() 函数浏览目录中的文件。以浏览上个案例中创建的目录 images 为例，在"project08"文件夹中创建文件"eg0809.php"，输入如下代码。

```php
<?php
echo "scandir()函数浏览目录文件:<br>";
$dir = "D:/phpstudy_pro/WWW/project08/images"; //定义要浏览的目录
$a = scandir($dir);        // 以升序排序 - 默认
$b = scandir($dir,1);      // 以降序排序
//输出并显示结果
print_r($a) ;
echo "<br>";
print_r($b);
?>
<?php
echo "<br>is_dir()函数浏览目录文件:<br>";
$path = "D:/phpstudy_pro/WWW/project08/images";
if (is_dir($path)) {
    // 打开目录句柄
    $res = @opendir($path);
    // 读取文件条目
    while (false !== ($file = readdir($res))) {
        if ($file != '.' && $file != '..') {
            echo $file . '<br>';
        }
    }
}
?>
```

该案例在浏览器中的显示结果如图 8-10 所示。

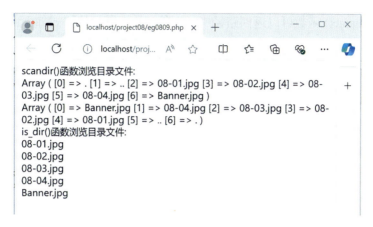

图8-10　使用scandir()函数和readdir()函数浏览目录文件的运行结果

8.2.4　其他常用目录操作函数

可以把目录看成是一种特殊的文件，文件操作函数（如重命名）多数也适用于目录。另外也有一些特殊函数只是专门针对目录，表 8-3 列举了一些常用的目录操作函数。

表8-3　常用的目录操作函数

函数原型	说明	示例
string getcwd(void)	返回当前工作目录	getcwd( );
Bool rmdir($dirname)	删除指定目录，前提是该目录必须为空	rmdir('temp');
chdir($directory)	改变当前的目录为directory	chdir('../');
rewinddir($handle)	将指定的目录重新指定到目录开头	rewinddir($handle);
float disk_free_space (string directory)	返回目录中的可用空间（bytes）。被检查的文件必须通过服务器的文件系统访问	disk_free_space("D:\phpstudy_pro");
Float disk_total_space (string directory)	返回目录的总空间大小（bytes）	disk_total_space("D:\phpstudy_pro");

8.3　查看文件和目录

在程序中经常需要对文件路径进行操作，如解析文件路径中的文件名或目录等。PHP 提供了 basename() 函数、dirname() 函数和 pathinfo() 函数完成对文件路径的解析，下面分别对这些函数的使用进行讲解。

8.3.1 查看文件名称

使用 basename() 函数可以返回路径中的文件名称,其语法格式如下:

string basename (string $path [,string $suffix])

第 1 个参数 path 定义要检查的路径;第 2 个参数 suffix 定义文件扩展名,为可选参数,用于过滤扩展名,如果定义了该参数,则函数将过滤掉扩展名,仅返回文件名。

案例 8-10:使用 basename() 函数查看文件名。在"project08"文件夹中创建文件"eg0810.php",输入如下代码。

```
1    <?php
2        $path = "\project08\demo\index.html";
3        echo basename($path) . "<br>";
4        echo basename($path,".html");
5    ?>
```

该案例在浏览器中的显示结果如图 8-11 所示。

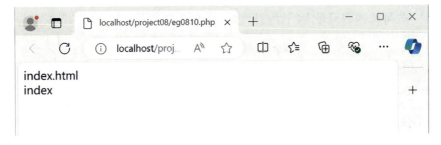

图8-11 使用basename()函数查看文件名的运行结果

8.3.2 查看文件目录

使用 dirname() 函数可以返回路径中的目录部分,其语法格式如下:

string dirname(string $path [, int $levels = 1])

第 1 个参数 path 用于指定路径名,第 2 个参数 levels 是 PHP 7 新增的参数,表示上移目录的层数。

案例 8-11:使用 dirname() 函数查看文件路径。在"project08"文件夹中创建文件"eg0811.php",输入如下代码。

```
1    <?php
2        $path = 'D:\project08\demo\php\index.html';
3        echo dirname($path)."<br>";         // 输出结果:D:\project08\demo\php
```

```
4       echo dirname($path, 2)."<br>";    // 输出结果：D:\project08\demo
5       echo dirname($path, 3);           // 输出结果：D:\project08
6   ?>
```

该案例在浏览器中的显示结果如图 8-12 所示。

图8-12　使用dirname()函数查看文件路径的运行结果

8.3.3　查看文件路径

pathinfo() 函数用于以数组形式返回文件路径的信息，包括目录名、文件名和扩展名等，其基本语法格式如下。

mixed pathinfo(string $path [, int $options = PATHINFO_DIRNAME | PATHINFO_BASENAME | PATHINFO_EXTENSION | PATHINFO_FILENAME])

第 1 个参数 path 用于指定路径名。

第 2 个参数 options 用于指定要返回哪些项，默认返回全部信息，还可以设置为返回具体的内容。$options 可以指定的常量如下：

PATHINFO_DIRNAME（目录名）

PATHINFO_BASENAME（文件名）

PATHINFO_ EXTENSION（扩展名）

PATHINFO_FILENAME（不含扩展名的文件名）

案例 8-12：使用 pathinfo() 函数查看文件路径。在"project08"文件夹中创建文件"eg0812.php"，输入如下代码。

```
1   <?php
2       $path = 'D:\project08\demo\php\index.html';
3       $info = pathinfo($path);
4       echo $info['dirname']."<br>";      // 输出结果：D:\project08\demo\php
5       echo $info['basename']."<br>";     // 输出结果：index.html
6       echo $info['extension']."<br>";    // 输出结果：html
7       echo $info['filename'];            // 输出结果：index
8   ?>
```

该案例在浏览器中的显示结果如图 8-13 所示。

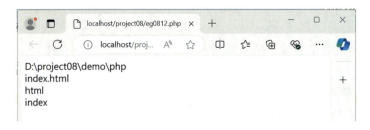

图8-13　使用pathinfo()函数查看文件路径的运行结果

8.4　文件的上传与下载

8.4.1　文件上传的基本知识

1. 可上传文件的类型

PHP 可以上传的文件类型有多种，如图像文件、文本文件、PPT 文件、音频文件、视频文件等。各种文件的数据格式如表 8-4 所示。

表8-4　文件MIME类型列表

文件类型	MIME类型
图像文件	image/gif、image/jpeg、image/jpg、image/png
纯文本和HTML文件	text/txt、text/plain、text/html
PPT文件	application/vnd.ms-powerpoint
音频文件	audio/basic
视频文件	video/mpeg
二进制或数据流文件	application/octet-stream

注：MIME，multipurpose internet mail extensions，多用途互联网邮件扩展。

MIME 是指多功能 Internet 邮件扩展，它设计的最初目的是为了在发送电子邮件时附加多媒体数据，让邮件客户程序能根据其类型进行处理。然而当它被 HTTP 协议支持之后，其意义就更为显著了。它使得 HTTP 可以传输多种类型的数据，而不仅是普通的文本。每个 MIME 类型由两部分组成，前面是数据的大类别，例如声音（audio）、图像（image）等，后面定义具体的种类。

2. 配置 php.ini 文件

要实现文件上传功能，首先要在 php.ini 中开启文件上传，并对其中的一些参数作出合理的设置。

（1）file_uploads：如果值为 on，表示服务器支持文件上传；如果值为 off，则不支持。

（2）upload_tmp_dir：上传文件临时目录。默认为"C:\Windows\temp\"。在文件被成功上传之前，先是被存放在服务器端的临时目录中。如果需要指定新位置，可通过设置该项来实现。

（3）upload_max_filesize：允许上传的文件的最大值，以 MB 为单位。系统默认为 2 MB。

（4）max_execution_time：PHP 中一个指令所能执行的最大时间，单位是秒（s）。

（5）memory_limit：PHP 中一个指令所分配的内存空间，单位是 MB。

注：如果使用集成化的安装包来配置 PHP 的开发环境，那么就不必担心配置信息，因为默认已配置好。

8.4.2 预定义变量$_FILES

$_FILES 变量为一个二维数组，用于接收上传文件的相关信息，有 5 个主要元素，具体说明如表 8-5 所示。

表8-5 预定义变量$_FILES元素说明

元素名	说明
$_FILES[filename][name]	存储上传文件的文件名。如text.txt、snow.jpg等
$_FILES[filename][size]	存储文件的字节大小
$_FILES[filename][tmp_name]	临时文件名。文件上传时，首先以临时文件的形式存储在临时目录中
$_FILES[filename][type]	存储上传文件的类型
$_FILES[filename][error]	存储上传文件的结果。如果值为0，说明文件上传成功

案例 8-13：使用 $_FILES 变量输出上传文件的相关信息。在项目"project08"中创建文件"eg0813.php"，输入如下代码。

```
1    <body>
2        <!-- 上传文件的form表单必须有enctype属性 -->
3        <form action="" method="post" enctype="multipart/form-data">
4            请选择要上传的文件：
5            <!-- 上传文件域的type类型必须为file -->
6            <input type="file" name="upfile" id="upfile" size="30" />
7            <input type="submit" name="upload_btn" id="upload_btn" value="上传" />
8        </form>
9        <?php
10           if(!empty($_FILES)){      //判断变量$_FILES是否为空
11               foreach($_FILES['upfile'] as $name => $value)
```

```
12          //使用循环语句输出上传文件的相关信息
13          echo $name' = '.$value.'<br>';
14       }
15    ?>
16  </body>
```

需要注意的是：表单上传时，method 属性必须为 post；enctype 属性必须为 "multipart/form-data"（它表示上传二进制数据），这样才能完整地上传文件数据，完成上传操作。input 标签的 type 属性必须为 file，这样服务器才会将表单作为上传文件来处理。

该案例在浏览器中的显示结果如图 8-14 所示。

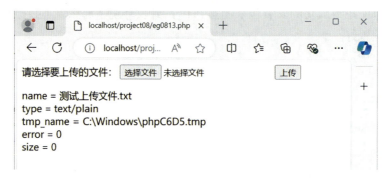

图8-14　使用$_FILES变量输出上传文件相关信息的运行结果

8.4.3　文件上传函数

PHP 中使用 move_uploaded_file() 函数上传文件，该函数将存放在临时目录下的上传文件拷贝出来，存放到指定目录中，如果目标存在，将会被覆盖。其语法格式如下：

bool move_uploaded_file (string $filename, string $dest)

该函数将上传文件存储到指定位置。如成功，则返回 true，否则返回 false。

第 1 个参数 filename 是上传文件的临时文件名，即 "$_FILES[filename][tmp_name]；"。

第 2 个参数 dest 是文件上传后保存的新路径和名称。

8.4.4　文件下载函数

文件下载主要用到 header() 函数，它的作用是以 HTTP 协议将 HTML 文档的标头送到浏览器，并告诉浏览器具体怎么处理这个页面。其语法格式如下：

void header (string string [, bool replace [, int http_response_code]])

第 1 个参数 string 表示发送的标头，第 2 个参数 replace 表示多个标头是替换还是添加，第 3 个参数 response_code 表示强制 HTTP 响应为指定值。

通过 HTTP 下载的代码如下：

header("Content-type: application/x-gzip");
header("Content-Disposition: attachment; filename=文件名");
header("Content-Description: PHP3 Generated Data"); >

下载的 HTTP 标头如下：

header('Content-Disposition: attachment; filename="filename"');

第 2 个参数 filename 是需要改动的，需要替换为要下载的文件。

使用 header() 函数完成文件的下载操作的大概思路：

（1）通过 Content-Type 指定文件的 MIME 类型。

（2）通过 Content-Disposition 对文件进行描述，并告诉浏览器将文件作为附件下载，同时指定下载文件名称。

（3）通过 Content-Length 设置下载文件的大小。

（4）通过 readfile() 函数读取文件内容。

项目实践

任务1　文件的上传

任务分析

（1）表单设置。

表单必须使用 enctype="multipart/form-data" 属性，以便能够正确地发送文件数据。

表单中的文件上传字段使用 <input type="file" name="filename">，其中 name 属性是上传后 PHP 脚本中用于访问文件的键。

（2）临时文件。

当用户上传文件时，PHP 会将文件存储在服务器上的临时目录中。PHP 提供了 $_FILES 超全局数组，用于访问上传的文件信息，包括临时文件名。

（3）文件保存。

开发者需要指定一个目标路径，将临时文件从临时目录移动到该路径下，以完成上传过程。使用 move_uploaded_file() 函数将临时文件移动到目标位置。

下面创建一个上传文件的表单，允许上传 100 kB 以下的文件。

代码实现

在"project08"文件夹中创建文件"uploadfile.php",编写 PHP 代码如下。

```
1   <!-- 上传表单 -->
2   <form action="" method="post" enctype="multipart/form-data" name="form">
3     <input name="upfile" type="file" /><!-- 这是上传文件域 -->
4     <input type="submit" name="submit" value="上传" />
5   </form>
6   <!-- ---------------------------------------- -->
7   <?php
8     /* 判断上传文件是否为空 */
9     if(!empty($_FILES["upfile"]["name"])){
10      /* 将文件信息赋给变量$fileifo */
11      $fileifo = $_FILES["upfile"];
12      /* 判断文件大小 */
13      if($fileifo['size'] > 0 && $fileifo['size'] < 1000000 ){
14        /* 上传文件到upload目录下 */
15        move_uploaded_file($fileifo['tmp_name'],"upload/".$fileifo['name']);
16        echo '上传成功';
17      }
18      else{
19        echo '文件大小超出范围或出现未知错误';
20      }
21    }
22  ?>
```

在浏览器中访问 localhost/project08/uploadfile.php,先选择一个上传的文件,然后点击"上传"按钮。页面显示结果如图 8-15 所示。

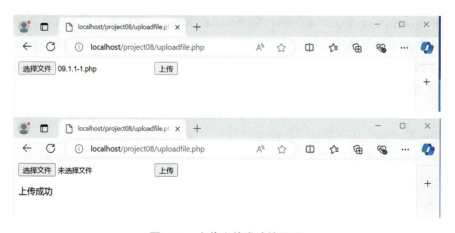

图8-15 上传文件成功的页面

任务2　多个文件的上传

任务分析

PHP 支持同时上传多个文件，但需要在表单中对文件上传域使用数组形式命名，这样，上传的文件信息也将会自动以数组形式组织。

本实例有 4 个文件上传到文件域，文件域的名字为 up_file[]，提交后上传的文件信息都被保存到 $_FILES[up_file] 中，生成多维数组。读取数组信息，并上传文件。

任务实施

在 "project08" 文件夹中创建文件 "uploadfiles.php"，编写 PHP 代码如下。

```
1    请选择要上传的文件
2    <!-- 上传文件表单 -->
3    <form action="" method="post" enctype="multipart/form-data">
4      <table id="upfile_table" border="1" bgcolor="E6E6FA" >
5        <tbody id="auto">
6          <tr id="show" >
7            <td>上传文件 </td>
8            <td><input name="up_file[]" type="file"></td>
9          </tr>
10         <tr>
11           <td>上传文件 </td>
12           <td><input name="up_file[]" type="file"></td>
13         </tr>
14       </tbody>
15       <tr>
16         <td colspan="4"><input type="submit" value="上传" /></td>
17       </tr>
18     </table>
19   </form>
20   <?php
21     if(!empty($_FILES[up_file][name]))//判断变量$_FILES是否为空
22     {
23       $file_name = $_FILES[up_file][name];//将上传文件名另存为数组
24       $file_tmp_name = $_FILES[up_file][tmp_name];//将上传的临时文件名存为数组
25       for($i = 0; $i < count($file_name); $i++)//通过for循环实现上传多个文件
26       {
```

```
27          if($file_name[$i] != '')//判断上传文件名是否为空
28          {
29              move_uploaded_file($file_tmp_name[$i],"upload/".$i.$file_name[$i]);
30              echo '文件'.$file_name[$i].'上传成功！新的文件名为'.$i.$file_name[$i].'<br>';
31          }
32      }
33   }
34   ?>
```

在浏览器中访问 localhost/project08/uploadfiles.php，选择要上传的多个文件，点击"上传"按钮。页面信息显示如图 8-16 所示。

图8-16　上传多个文件的页面

任务3　文件的下载

任务分析

在开发网站或者应用程序时，经常需要实现文件下载功能，通过 PHP 可以方便地实现该功能。实现文件下载功能的基本原理是将服务器上的文件发送给客户端浏览器，让浏览器将文件保存到本地。

任务实施

在"project08"文件夹中创建文件"downloadfile.php",编写 PHP 代码如下。

```
1    <?php
2      $file = 'images/demotest.jpg'; // 文件路径
3      $filename = 'demotest.jpg'; // 下载时显示的文件名
4
5      // 设置HTTP响应标头
6      header('Content-Type: application/octet-stream');//指定响应内容的MIME类型为二进制流。这会告诉浏览器将文件视为二进制数据,而不是尝试解析它
7      header('Content-Disposition: attachment; filename="' . $filename . '"');//告诉浏览器将文件作为附件下载,并指定下载时的文件名
8      header('Content-Length: ' . filesize($file));//指定响应内容的长度,以便浏览器可以显示下载进度
9      readfile($file);// 将文件内容发送给浏览器
10   ?>
```

在浏览器中访问 localhost/project08/downloadfile.php,页面显示结果如图 8-17 所示。

图8-17 文件下载的页面

请注意,在执行任何输出之前,确保禁用输出缓冲区。可以在代码的开始添加以下行来实现:

```
1    ob_clean();
2    ob_end_flush();
```

这将清理输出缓冲区并确保文件内容是直接发送给浏览器的。

项目小结

本章主要介绍了 PHP 文件系统的相关知识。在学完本章内容后,读者应重点掌握以下知识。

在 PHP 中,查看文件名称、查看文件目录和查看文件绝对路径,分别使用 basename() 函数、dirname() 函数和 realpath() 函数。

创建目录、打开目录、关闭目录和浏览目录，分别使用 mkdir() 函数、opendir() 函数、closedir() 函数和 scandir() 函数。

在 PHP 中，访问一个文件一般需要 3 步：打开文件、读写文件和关闭文件。实现这些操作，需要分别使用 fopen() 函数、readfile() 函数、fwrite() 函数和 fclose() 函数。

文件上传是 Web 应用的一个常用功能。PHP 可以上传的文件类型有图像文件、文本文件、PPT 文件、音频文件、视频文件等。预定义变量 $_FILES，用于接收上传文件的相关信息。

PHP 中使用 move_uploaded_file() 函数上传文件，该函数将存放在临时目录下的上传文件拷贝出来，存放到指定目录中，如果目标存在，将会被覆盖。

PHP 支持同时上传多个文件，但需要在表单中对文件上传域以数组形式命名，这样，上传的文件信息也将会自动以数组形式组织。

本项目知识点思维导图如图 8-18 所示。

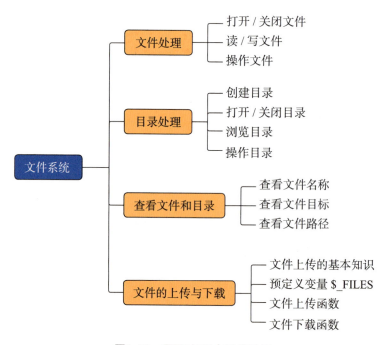

图8-18　项目8知识点思维导图

成长驿站

汪成为，于 1994 年当选为首批中国工程院院士，曾任国家"863 计划"专家委员会委员、信息领域首席科学家、智能计算机专家组组长、国家"973 计划"专家委员会委员，曾获何梁何利基金"科学与技术进步奖"、中国计算机学会终身成就奖等荣誉。

早在 2004 年，中国工程院第七次院士大会上，汪院士对 21 世纪初信息技术发展趋势做出预判，他提出，网络技术将发展为协同计算；多媒体技术将发展为虚拟现实；面向对象技术将发展为面向智能体技术；嵌入技术将发展为普适技术。在这些技术的支持下，21世纪初，有望实现一个智能化的人机和谐环境。

10多年后，基于虚拟计算、异构网络、人工智能理念所研发的智能物流、智能管家、智能汽车等应用正逐步实现。

项目实训

1. 实训要求

制作一个简单的文件存储系统，主要包括文件上传和文件下载功能。文件上传功能显示允许上传的文件扩展名为 doc、zip、txt、jpg、png、gif，文件上传成功后自动生成文件名，并展示文件列表，点击文件名实现下载文件。

2. 实训步骤

（1）编写文件上传表单。

（2）处理上传文件，限制允许上传的文件类型，自动生成文件名，将文件保存到 uploads 目录。

（3）展示上传文件列表，给每个文件名添加下载链接，实现单击文件名下载文件。

（4）实现文件下载功能。

项目习题

一、填空题

1. （　　）模式是以读写方式打开文件，将文件指针指向文件头。
2. 使用 fopen() 函数打开文件后，返回值是（　　）数据类型。
3. file_put_contents() 函数要实现追加写入，第 3 个参数应设为（　　）。
4. （　　）函数不需要使用 fopen() 函数打开文件就可以对文件进行写入操作。
5. 在 PHP 中，若要实现文件下载，需将 header() 函数中 Content-Disposition 的值设为（　　）。

二、选择题

1. PHP 中获取文件类型的函数是（　　）。

    A. fileinfo()

    B. filesystem()

    C. filetype()

    D. fileowner()

2. fileatime() 函数能够获取的文件属性是（　　）。

　　A. 创建时间

　　B. 修改时间

　　C. 上次访问时间

　　D. 文件大小

3. 要获取文件的统计信息，可以使用下面的哪个函数？（　　）

　　A. fileinode()

　　B. stat()

　　C. filetype()

　　D. fileowner()

4. 下列选项中，可以删除文件的函数是（　　）。

　　A. ename()

　　B. unlink()

　　C. rmdir()

　　D. fclose()

5. 下列选项中，可以将文件中的内容读入数组中的函数是（　　）。

　　A. file()

　　B. fgets()

　　C. file_get_contents()

　　D. fgetc()

项目 9

新闻管理系统——数据库

▶ 情景导入

林林想在 Web 网站上实时管理公司发布的各种新闻信息，因此他决定开发一个新闻管理系统——主要实现新闻信息的查看、添加、删除和修改等功能。而公司的新闻信息是存储在 MySQL 数据库中的，那就需要掌握 MySQL 数据库的连接和使用。下面我们和林林一起学习使用 PHP 访问 MySQL 数据的具体操作。

▶ 项目目标

1. 知识目标

◆ 了解 PHP 访问 MySQL 数据库的一般流程。
◆ 掌握 PHP 访问 MySQL 数据库的具体方法。
◆ 掌握 PHP 操作数据库的基本步骤。
◆ 掌握 PHP 操作 MySQL 数据库的常用技术。

2. 技能目标

◆ 掌握 PHP 操作数据库的基本步骤。
◆ 掌握 PHP 访问 MySQL 数据库的具体方法。

3. 素养目标

◆ 能够领会 PHP 数据库操作在生活中的作用，学以致用。
◆ 加强实践练习，培养团队合作意识。
◆ 培养逻辑思维、辩证思维和创新思维能力。

知识准备

大多数网站中的数据都存储在数据库中，任何一种编程语言都需要对数据进行操作，实现数据的增加、删除、修改和查找，PHP 也不例外。PHP 可以操作多种类型的数据库，在不同类型的数据库中，MySQL 由于具有跨平台性、可靠性、适用性、开源性和免费等特点，一直被认为是 PHP 的最佳搭档。PHP 支持对多种数据库的操作，并提供了相关的数据库连接函数和操作函数。其对 MySQL 数据库提供了更加强大的支持，可以非常方便地实现数据的访问和读取等操作。

9.1 PHP访问MySQL数据库的一般流程

一般情况下，MySQL 都是作为一门单独的专业基础课程提前学习的，相信大部分读者已经对 MySQL 数据库有了一定认识。使用 PHP 操作 MySQL 数据库一般有以下五个步骤，如图 9-1 所示。

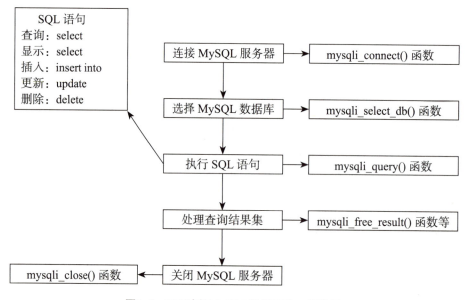

图9-1　PHP访问MySQL数据库的一般流程

（1）连接 MySQL 服务器：使用 mysqli_connect() 函数建立与 MySQL 服务器的连接。关于 mysqli_connect() 函数的应用可参考本书 9.2.1 节。

（2）选择 MySQL 数据库：使用 mysqli_select_db() 函数选择 MySQL 服务器上的数据库，并与数据库建立连接。关于 mysqli_select_db() 函数的应用可参考本书 9.2.2 节。

（3）执行 SQL 语句：在选择的数据库中使用 mysqli_query() 函数执行 SQL 语句。关于 mysqli_query() 函数的应用可参考本书 9.2.3 节。

（4）关闭结果集：数据库操作完成后，需要关闭结果集，以释放系统资源，语法格式如下。

void mysqli_free_result(mysqli_result $result);

（5）关闭 MySQL 连接。使用 mysqli_close() 函数关闭先前打开的与 MySQL 服务器的连接，以节省系统资源。语法格式如下：

bool mysqli_close(mysqli $Link);

注意：PHP 页面与数据库的连接是非持久连接，一般不需要设置关闭，系统会自动回收。如果一次性返回的结果集比较大，或者网站访问量比较多，那么最好用 mysqli_close() 函数关闭连接。

9.2　PHP访问MySQL数据库的具体方法

为方便对 MySQL 数据库进行操作，PHP 提供了大量 MySQL 数据库函数，以使 Web 程序的开发更加简单灵活。

9.2.1　连接MySQL服务器

要操作 MySQL 数据库，首先必须与 MySQL 服务器建立连接。连接 MySQL 服务器的语句如下：

mysqli mysqli_connect($host, $user, $password,$database, $port, $socket)

第 1 个参数 host 定义 MySQL 服务器的主机名或 IP 地址。
第 2 个参数 user 定义 MySQL 服务器的用户名。
第 3 个参数 password 定义 MySQL 服务器的用户密码。
第 4 个参数 database 定义默认使用的数据库文件名。该函数的返回值用于表示该数据库连接。如果连接成功，则返回一个资源，为以后执行 SQL 指令做准备。
第 5 个参数 port 定义尝试连接到 MySQL 服务器的端口号。
第 6 个参数 socket 定义 Socket 或要使用的已命名 Pipe。

案例 9-1：使用 mysqli_connect() 函数连接 MySQL 服务器。在"项目 09"文件夹中创建文件"eg0901.php"，输入如下代码。

```
1    <?php
2    $conn = mysqli_connect('localhost','root','root');
3    if(!$conn)
4    {
5        echo"连接失败"."<br>";
6        echo"系统错误".mysqli_connect_error();
```

```
7        die();
8    }else
9    {
10       echo"连接成功"."<br>";
11   }
12 ?>
```

上述程序使用 mysqli_connect() 函数尝试连接本地的 MySQL 数据库，参数 host 的值为 localhost，表示建立一个到本地的 MySQL 数据库连接。mysqli_connect() 函数连接 MySQL 服务器使用的用户名是 root，密码是 root。

如果程序判断函数 mysqli_connect() 的返回值为 false，程序会提示一个"数据库连接失败"的信息，同时使用函数 mysqli_connect_error($con) 将具体的错误信息输出到 Web 页面。这里使用了语言结构 die()，它的功能类似于 exit()，可以输出一段信息并立即中断程序的执行。

如果运行后不出错，表明已成功连接至 MySQL 服务器，如图 9-2 所示。

图9-2　数据库连接成功的运行结果

如果修改"localhost"为"localhost1"，此时数据库服务器不可用，或者是修改用户名"root"为"user"，此时连接数据库的用户名或密码错误，将会引发一条 PHP 警告信息，如图 9-3 所示。

图9-3　数据库连接失败的运行结果

9.2.2　选择MySQL数据库

要修改连接 MySQL 服务器时定义的默认 MySQL 数据库，或者要选择服务器上的数据库，可以使用 mysqli_select_db() 函数。其语法格式如下：

bool mysqli_select_db (mysqli $Connection, string $dbname)

如果成功，则该函数返回 true；如果失败，则返回 false。

第 1 个参数 Connection：必需。定义要使用的 MySQL 连接。

第 2 个参数 dbname：必需，定义要使用的默认数据库。

案例 9-2：使用 mysqli_select_db() 函数选择 MySQL 数据库。在"项目 09"中创建文件"eg0902.php"，输入如下代码。

```php
1    <?php
2      $conn = mysqli_connect("localhost","root","root");//连接MySQL服务器
3       if (!$conn)
4         {die('数据库服务器连接失败: ' . mysqli_error($conn)); }
5      $db_selected = mysqli_select_db($conn, "test");//连接数据库文件
6      if (!$db_selected)
7         {die ("test数据库无法选择！ : " . mysqli_error($conn));
8      }else
9         { echo "选择数据库成功！ ";}
10     mysqli_close($conn);
11   ?>
```

该案例在浏览器中的显示结果如图 9-4 所示。

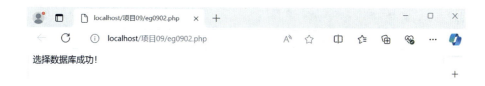

图9-4　使用mysqli_select_db()函数选择MySQL数据库的运行结果

9.2.3　执行SQL语句

要对数据库中的表执行操作，就要使用 mysqli_query() 函数执行 SQL 语句。其语法格式如下：

mixed mysqli_query (mysqli $Connection, string $Query [, int $Resultmode])

作用是执行一条 MySQL 查询，参数描述如下。

Connection：必需。规定要使用的 MySQL 连接。

Query：必需，规定查询字符串。

Resultmode：可选。一个常量。可以是下列值中的任意一个：MYSQLI_USE_RESULT（如果需要检索大量数据，请使用这个）、MYSQLI_STORE_RESULT（默认）。

该函数针对成功的 select、show、describe 或 explain 查询，将返回一个 mysqli_result 对象。针对其他成功的查询，将返回 true；如果失败，则返回 false。

案例 9-3：使用 mysqli_query() 函数执行 SQL 语句。在"项目 09"文件夹中创建文件"eg0903.php"，输入如下代码。

```
1   <?php
2     $con = mysqli_connect("localhost","root","root","db_test");//连接MySQL数据库服务器
3     if (!$con)
4       {echo "连接 MySQL服务器 失败: " . mysqli_connect_error(); }
5
6     mysqli_set_charset($con,"utf8"); //设置UTF-8编码
7     mysqli_query($con,"SELECT * FROM user");//执行查询表记录的SQL语句
8     $sq=mysqli_query($con,"INSERT INTO user (sno, name, class) VALUES ('2022030208','插入测试学生','计网1班')");//执行添加表记录的SQL语句
9     if($sq)
10      {echo "数据库插入成功！";}
11    else {
12      echo "插入数据失败！";}
13    mysqli_close($con);   //关闭MySQL数据库连接
14  ?>
```

如果数据库连接和SQL语句执行正确，该案例在浏览器中的显示结果如图9-5所示。

图9-5　使用mysqli_query()函数执行SQL语句的运行结果

还可以在phpStudy的首页界面，单击右上角数据库工具右边的"打开"按钮，在下拉菜单中选择"phpMyAdmin"，单击后打开登录页面，使用用户名root、密码root登录数据库管理页面，打开db_test数据库中的user表即可看到新添加的数据记录，如图9-6所示。

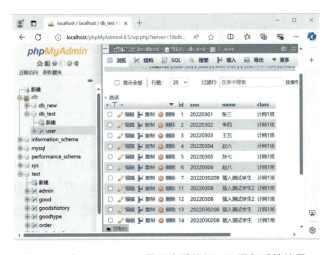

图9-6　在phpMyAdmin界面查看执行SQL语句后的结果

9.2.4 处理查询结果集

1. 使用 mysqli_fetch_array() 函数

mysqli_fetch_array() 函数用于从数据库中获取行并将其存储为数组。可以将数组作为关联数组、数字数组或两者兼有。关联数组是指数组索引是表中各个列的名称的数组。数字数组是指索引为数字的数组，其中 0 代表 n-column 表的第一列，n-1 代表 n-column 表的最后一列。如果返回的是关联数组，数组的字段名是区分大小写的。其语法格式如下：

mixed mysqli_fetch_array (mysqli_result $result [,int $resulttype])

第 1 个参数 result：指定在其上执行操作的数据库。它是必填参数。

第 2 个参数 resulttype：可选项，它可以具有三个值，MYSQLI_ASSOC、MYSQLI_NUM 和 MYSQLI_BOTH。MYSQLI_ASSOC 使函数的行为类似于 mysqli_fetch_assoc() 函数，获取关联数组，MYSQLI_NUM 使函数的行为类似于 mysqli_fetch_row() 函数，获取数字数组，而 MYSQLI_BOTH 为默认值，表示将获取的数据存储在可以使用列索引和列名访问的数组中。

案例 9-4：使用 mysqli_fetch_array() 函数从查询结果集中获取信息并输出。在"项目 09"文件夹中创建文件"eg0904.php"，输入如下代码。

```
1    <?php
2        // 连接MySQL服务器
3        $con = mysqli_connect("localhost","root","root","db_test");
4        if (!$con)
5        {
6            echo "连接 MySQL 失败: " . mysqli_connect_error();
7        }
8        // 设置UTF-8编码
9        mysqli_set_charset($con,"utf8");
10
11       $sql = "SELECT sno,name,class FROM user ORDER BY sno desc";// 执行SQL语句
12       $result = mysqli_query($con,$sql);
13
14       while($row = mysqli_fetch_array($result,MYSQLI_NUM))
15       {// 数字索引数组
16           printf("%s : %s: %s",$row[0],$row[1],$row[2]);
17           echo '<br>';
18       }
19       //也可采取下面获取关联数组的方式
```

```
20      /*while($row = mysqli_fetch_array($result,MYSQLI_ASSOC))
21      {// 关联数组
22        printf ("%s : %s : %s",$row["sno"],$row["name"],$row["class"]);
23      }*/
24      // 释放结果集
25      mysqli_free_result($result);
26      mysqli_close($con);
27    ?>
```

该案例在浏览器中的显示结果如图 9-7 所示。

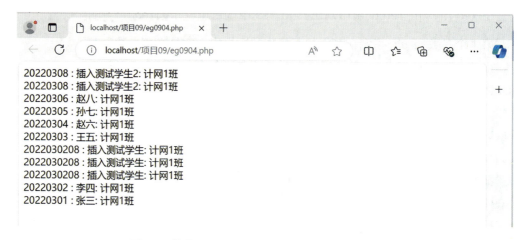

图9-7　使用mysqli_fetch_array()函数查询的运行结果

2. 使用 mysqli_fetch_object() 函数

使用 mysqli_fetch_object() 函数从结果集（记录集）中取得一行作为对象。若成功，本函数从 mysql_query() 获得一行，并返回一个对象。如果失败或没有更多的行，则返回 false。

其语法格式如下：

object mysqli_fetch_object(mysqli_result $result [,string $classname[,array $params]]);

参数 result 是必需的。用于指定要使用的数据指针。该数据指针是从 mysql_query() 返回的结果。

需要注意的是：每个随后对 mysql_fetch_object() 的调用都会返回记录集中的下一行。

它与 mysql_fetch_array() 类似，只有一点区别：返回的是对象而不是数组。间接地，也意味着只能通过字段名来访问数组，而不是偏移量。使用以下格式获取查询结果集中行的元素值。

$result->col_name //$result代表查询结果集，col_name为列名

提示：本函数返回的字段名也是区分大小写的。

案例 9-5：使用 mysqli_fetch_object() 函数从查询结果集中获取信息，并通过 while 循环输出。在"项目 09"文件夹中创建文件"eg0905.php"，输入如下代码。

```php
1   <?php
2     // 连接服务器
3     $con = mysqli_connect("localhost","root","root","db_test");
4     if (!$con)
5     {
6       echo "连接 MySQL 失败: " . mysqli_connect_error();
7     }
8     // 设置编码
9     mysqli_set_charset($con,"utf8");
10    $sql = "SELECT sno,name,class FROM user ORDER BY sno desc";// 执行SQL语句，并循环输出查询结果集
11    $result=mysqli_query($con,$sql);
12    if ($result)
13    {
14      while ($obj=mysqli_fetch_object($result))
15      {
16        printf("%s : %s : %s",$obj->sno,$obj->name,$obj->class);
17        echo "<br><br>";
18      }
19      //释放结果集合
20      mysqli_free_result($result);
21    }
22    //关闭数据库连接
23    mysqli_close($con);
24  ?>
```

该案例在浏览器中的显示结果如图 9-8 所示。

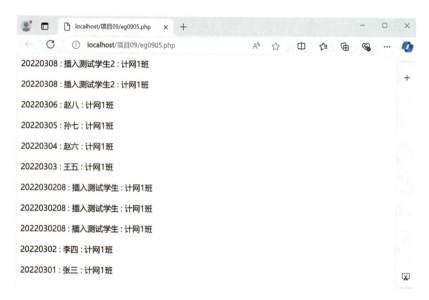

图9-8 使用mysqli_fetch_object()函数查询的运行结果

3. 使用 mysqli_fetch_row() 函数

mysqli_fetch_row() 函数用于从结果集中提取一行，并将其作为枚举数组返回。其语法格式如下：

mixed mysqli_fetch_row (mysqli_result $result)

参数 result 定义由 mysqli_query() 返回的结果集标识符。该函数返回一个与所取得行相对应的字符串数组，将该行赋予数组变量 $row，每个结果的列存储在一个数组元素中，下标自 0 开始，即以 $row[0] 的形式访问第 1 个数组元素，依次调用 mysqli_fetch_row() 函数逐行返回查询结果集中的记录。

注意：本函数返回的字段名也是区分大小写的。

案例 9-6：使用 mysqli_fetch_row() 函数逐行获取查询结果集中的记录，并输出。在"项目 09"文件夹中创建文件"eg0906.php"，输入如下代码。

```
1    <?php
2    // 连接服务器
3    $con = mysqli_connect("localhost","root","root","db_test");
4    if (!$con)
5    {
6    echo "连接 MySQL 失败: " . mysqli_connect_error();
7    }
8    // 设置编码
9    mysqli_set_charset($con,"utf8");
```

```
10      // 执行SQL语句，升序
11      $sql= "SELECT sno,name,class FROM user ORDER BY sno asc";
12      $result=mysqli_query($con,$sql);
13      if ($result)
14      {
15          // 逐条获取
16          while ($row=mysqli_fetch_row($result))
17          {
18              printf ("%s : %s : %s",$row[0],$row[1],$row[2]);
19              echo "<br><br>";
20          }
21          // 释放结果集合
22          mysqli_free_result($result);
23      }
24      mysqli_close($con);
25  ?>
```

该案例在浏览器中的显示结果如图 9-9 所示。

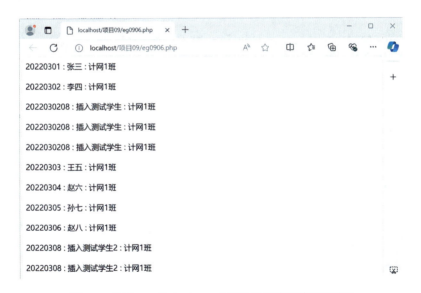

图9-9 使用mysqli_fetch_row()函数逐行获取的运行结果

4. 使用 mysqli_num_rows() 函数

mysqli_num_rows() 函数用来取得结果集的行数目，即结果集中的记录数。其语法格式如下：

int mysqli_num_rows(mysqli_result $result)

参数 result 定义由 mysqli_query() 函数返回的结果集标识符。这个函数仅对 select

语句有效,要取得 insert、update 或 delete 语句执行后所影响的行的数据,需要使用 mysqli_affected_rows() 函数。

案例 9-7:使用 mysqli_num_rows() 函数获取查询结果集中的记录数。在"项目 09"文件夹中创建文件"eg0907.php",输入如下代码。

```php
1    <?php
2      // 连接服务器
3      $con = mysqli_connect("localhost","root","root","db_test");
4      if (!$con)
5      {
6        echo "连接 MySQL 失败: " . mysqli_connect_error();
7      }
8      // 设置编码
9      mysqli_set_charset($con,"utf8");
10     // 执行SQL语句
11     $sql = "SELECT sno,name,class FROM user ORDER BY sno desc";
12     $result=mysqli_query($con,$sql);
13     if ($result)
14     {
15       $rowcount=mysqli_num_rows($result); // 返回记录数
16       printf("找到相关记录 %d 条。",$rowcount);
17       mysqli_free_result($result);// 释放结果集
18     }
19     // 关闭数据库连接
20     mysqli_close($con);
21   ?>
```

该案例在浏览器中的显示结果如图 9-10 所示。

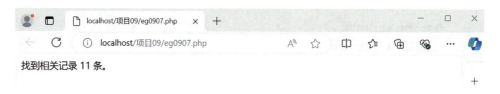

图9-10　使用mysqli_num_rows()函数获取记录数的运行结果

5. 使用 mysqli_affected_rows() 函数

mysqli_affected_rows() 函数用于获取上一个 MySQL 操作中受影响的行数。其语法格式如下:

int mysqli_affected_rows($link)

参数 link 是一个表示与 MySQL Server 的连接的对象。本函数的作用是：如果在 insert、update、replace 或 delete 查询后调用，则返回受上一操作影响的行数。在 select 语句之后使用时此函数返回行数。

案例 9-8：使用 mysqli_affected_rows() 函数获取上一个 MySQL 操作中受影响的行数。在"项目 09"文件夹中创建文件"eg0908.php"，输入如下代码。

```
1   <?php
2       // 连接服务器
3       $con = mysqli_connect("localhost","root","root","db_test");
4       if (!$con)
5       {
6           echo "连接 MySQL 失败: " . mysqli_connect_error();
7       }
8       // 设置编码
9       mysqli_set_charset($con,"utf8");
10      // 执行SQL语句
11      $sql = "INSERT INTO user (sno, name, class) VALUES ('20220308','插入测试学生2','计网1班')";
12
13      mysqli_query($con,$sql);
14      //受影响的行
15      $rows = mysqli_affected_rows($con);
16      print("受影响的行数: ".$rows);
17      //关闭连接
18      mysqli_close($con);
19  ?>
```

该案例在浏览器中的显示结果如图 9-11 所示。

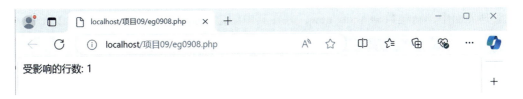

图9-11 使用mysqli_affected_rows()函数获取操作影响行数的运行结果

项目实践

PHP 操作 MySQL 数据库技术是动态网站开发的核心技术，本项目通过一个简单的新闻信息管理系统的实现，来介绍在网页中通过 PHP 操作 MySQL 数据库从而实现添加、查询、修改、删除，以及分页显示信息的方法和技术。

任务1　数据库设计

任务分析

数据库的设计对新闻信息管理系统的实现非常重要，设计一个合理的数据表结构不仅有利于开发新闻信息管理系统，还有利于提高系统的性能。按照新闻信息管理系统的要求，创建一个数据库 db_new，然后设计如下数据表（表9-1）。

表9-1　新闻信息表

字段名	数据类型	描述
id	Int(11)	主键ID，自动增长
title	varchar(200)	新闻标题
content	text	新闻内容
time	Datatime(6)	发布时间

实现步骤

在对新闻信息进行管理前，首先需要创建数据库和数据表。在 phpMyAdmin 图形化管理界面中，新建数据库 db_new，并在其中创建数据表 tb_new，如图 9-12 所示。

图9-12　利用phpMyAdmin创建数据表tb_new

创建好数据表后，就可以创建网页并连接数据库，以实现通过网页对数据库进行操作。

任务2　首页设计

任务分析

系统的首页主要包含 leftmenu.php 和 footer.php 这两个子页面，分别为左侧菜单页面和底部显示页面，首页和其他的页面均会包含这两个子页面，以避免重复写相同的代码。

任务实施

在"项目09"文件夹中先创建一个 NewSystem 文件夹。然后创建 PHP 文件首页"index.php"、左侧菜单"leftmenu.php"、页面底部"footer.php"，index.php 文件中包含了 leftmenu.php 和 footer.php 文件，它的具体代码如下。

```
1   <html>
2     <head>
3       <title>新闻信息管理</title>
4       <meta http-equiv="Content-Type" content="text/html; charset=utf-8">
5       <link href="css/style.css" rel="stylesheet">
6     </head>
7     <body>
8       <div class="bgimg"></div>
9       <div class="newcon">
10        <div class="new_left">
11          <div class="new_left1">
12            <div class="new_header" style=""><div class="title" style=""><span>新闻管理</span></div></div>
13            <?php
14              include('leftmenu.php');
15            ?>
16          </div>
17        </div>
18        <div class="new_right">
19          <div>
20            <div class="blog_list_wrap">
21              <div class="new_header"><div class="title"> <span>您当前的位置：后台管理系统</span></div></div>
22
```

```
23            </div>
24          </div>
25        </div>
26        <div class="clear"></div>
27      </div>
28      <?php
29        include('footer.php');
30      ?>
31    </body>
32  </html>
```

左侧菜单 leftmenu.php 的 PHP 代码如下：

```
1  <div class="">
2    <ul><li><a href="index.php">首页</a></li></ul><hr/>
3    <ul><li><a href="add_new.php">添加新闻信息</a></li></ul><hr/>
4    <ul><li><a href="search_new.php">查询新闻信息</a></li></ul><hr/>
5    <ul><li><a href="update_new.php">编辑新闻信息</a></li></ul><hr/>
6    <ul><li><a href="delete_new.php">删除新闻信息</a></li></ul><hr/>
7  </div>
```

页面底部 footer.php 的核心代码如下：

```
1  <div style="text-align: center;height:70px;background-color: #0099CC;color: #fff;padding-top: 2px;margin-top: 0px;font-size: 15px;">
2    <script type="text/javascript">
3      copyright=new Date();//取得当前的日期
4      update=copyright.getFullYear();//取得当前的年份
5      document.write("Copyright @ 2024-"+ update +"| 网站建设 All rights reserved.");
6    </script>
7  </div>
```

在其他的页面包含这两个子页面的具体代码如下：

```
1  <?php
2    include('leftmenu.php');
3  ?>
4  <?php
5    include('footer.php');
6  ?>
```

在浏览器中访问 localhost/ 项目 09/NewSystem/index.php，页面显示结果如图 9-13 所示。

项目 9　新闻管理系统——数据库

图9-13　新闻管理系统首页

任务3　添加新闻信息

任务分析

要添加新闻信息，需要在"项目 09"的 NewSystem 目录下，先创建 PHP 页面"add_new.php"，在网页中添加表单，并设置表单的 action 属性值；之后创建表单处理的 PHP 页面"donew.php"，使用 insert 语句实现在网页中添加数据信息的功能。

任务实施

（1）在"项目 09"的 NewSystem 目录下创建网页"add_new.php"，在页面主体位置添加一个表单、一个文本框、一个文本区域和两个按钮（"提交"和"重置"），设置表单的 action 属性值为"donew.php"，其 PHP 代码如下。

```
1    <html>
2      <head>
3        <title>新闻信息管理</title>
4        <meta http-equiv="Content-Type" content="text/html" charset="utf-8">
5        <link href="css/style.css" rel="stylesheet">
6      </head>
7      <body>
8        <script language="javascript">
```

245

```
9      function check(form){
10        if(form.txt_title.value==""){
11          alert("请输入新闻标题!");form.txt_title.focus();return false;
12        }
13        if(form.txt_newcontent.value==""){
14          alert("请输入新闻内容!");form.txt_newcontent.focus();return false;
15        }
16        form.submit();
17      }
18    </script>
19    <div class="bgimg"></div>
20    <div class="newcon">
21      <div class="new_left">
22        <div class="new_left1">
23          <div class="new_header" style=""><div class="title" style=""><span>新闻管理</span></div></div>
24          <?php
25            include('leftmenu.php');
26          ?>
27        </div>
28      </div>
29      <div class="new_right">
30        <div class="">
31          <div class="">
32            <div class="new_header"><div class="title"><span>您当前的位置：后台管理系统</span></div></div>
33            <div style="margin-top:30px;margin-left: 100px;">
34              <form name="form1" method="post" action="donew.php">
35                <table width="520" height="212" border="0" cellpadding="0" cellspacing="0" bgcolor="#FFFFFF">
36                  <tr><td width="87" align="center">新闻主题： </td>
37                    <td width="433" height="31"><input name="title" type="text" id="txt_title" size="40">*</td></tr>
38                  <tr><td height="124" align="center">新闻内容： </td>
39                    <td><textarea name="content" cols="50" rows="8" id="txt_newcontent"></textarea></td></tr>
40                  <tr><td height="40" colspan="2" align="center">
41                    <input name="Submit" type="button" class="btn_grey" value="提交" onClick="return check(form1);">
42                      <input type="reset" name="Submit2" value="重置"></td></tr>
```

```
43                </table>
44            </form>
45          </div>
46        </div>
47      </div>
48    </div>
49    <div class="clear"></div>
50  </div>
51  <?php
52    include('footer.php');
53  ?>
54  </body>
55  </html>
```

在上述代码中,"提交"按钮的 onClick 事件下,调用了一个由 JavaScript 脚本自定义的 check() 函数,用于判断表单中的文本框是否为空,如为空,则弹出提示信息。

(2)在"项目 09"的 NewSystem 目录下创建网页"donew.php",在这个页面使用 insert 语句实现在网页中添加数据信息的功能。首先连接数据库,并设置编码格式;然后通过 POST 方法获取浏览者在网页中输入的信息;最后,使用 insert 语句将信息添加到数据表,设置弹出信息,并重新定位到网页"add_new.php"。具体代码如下:

```
1   <?php
2     $conn = mysqli_connect("localhost","root","root","db_new") or die("数据库服务器连
    接错误".mysqli_connect_error());    //连接数据库
3     mysqli_set_charset($conn,"utf8");   //设置编码格式
4     $title = $_POST[title];           //获取新闻标题信息
5     $content = $_POST[content];       //获取新闻内容信息
6     $createtime = date("Y-m-d H:i:s"); //获取系统当前时间
7     $sql = "insert into tb_new (title,content,time) values('$title','$content','$createtime')";
8     //echo $sql;
9     $result=mysqli_query($conn,$sql);
10    //echo $result;
11    if($result){
12       echo "<script>alert('新闻信息添加成功!'); window.location.href = 'add_new.php';</script>";
13    }else{
14       echo "<script>alert('新闻信息添加失败!'); window.location.href = 'add_new.php';</script>";
15    }
16    mysqli_free_result($sql);         //关闭结果集
17    mysqli_close($conn);              //关闭MySQL数据库服务器
```

18   ?>

打开"index.php"网页,在左侧列表中单击"添加新闻信息"链接,然后在右侧输入新闻标题和新闻内容,单击"提交"按钮,弹出"新闻信息添加成功!"的提示信息,如图9-14所示。

图9-14　添加新闻的页面

任务4　查询新闻信息

任务分析

（1）首先完成页面布局。在页面主体位置添加一个表单,一个用于输入搜索内容的文本框和一个"搜索"按钮。为防止用户不输入信息就直接搜索,在"搜索"按钮的 onClick 事件下,调用一个由 JavaScript 脚本自定义的 check() 函数,用于检查文本框信息是否为空。

（2）使用 select 语句在网页中查询信息。选择数据库并设置数据库编码格式为"UTF-8"。然后通过 POST 方法获取表单提交的查询关键字,通过 mysqli_query() 函数执行模糊查询，并用 mysqli_fetch_object() 函数获取查询结果集，通过 do…while 循环语句输出查询结果集，最后关闭结果集和数据库。

任务实施

首先在"项目 09"的 NewSystem 目录下创建网页"search_new.php"，然后在网页中添加表单，并连接到 MySQL 数据库，对数据库信息进行查询，并实现分页显示。其 PHP 代码如下。

```
1   <html>
2     <head>
3       <title>新闻信息管理</title>
4       <meta http-equiv="Content-Type" content="text/html" charset="UTF-8">
5       <link href="css/style.css" rel="stylesheet">
6     </head>
7     <body>
8       <script language="javascript">
9         function check(form){           //验证表单信息是否为空
10          //若查询关键字为空，则弹出提示信息，并定位光标
11          if(form1.keyword.value==""){
12            alert("请输入查询关键字!");
13            form1.keyword.focus();
14            return false;
15          }
16          form1.submit();  //若各控件不为空，则提交表单信息
17        }
18      </script>
19      <div class="bgimg"></div>
20      <div class="newcon">
21        <div class="new_left">
22          <div class="new_left1">
23            <div class="new_header"><div class="title"><span>新闻管理</span></div></div>
24            <?php
25              include('leftmenu.php');
26            ?>
27          </div>
28        </div>
29        <div class="new_right">
```

```
30              <div>
31                  <div class="blog_list_wrap">
32                      <div class="new_header"><div class="title"> <span>您当前的位置：后台管理系统</span></div></div>
33                      <div style="margin-top: 20px;margin-left: 120px;">
34                          <form name="form1" method="post" action="search_new.php">
35                              查询关键字 
36                              <input name="keyword" type= "text" id ="keyword" size="40">
37                               
38                              <input type="submit" name= "Submit" value="搜索" onClick ="return check(form)">
39                          </form>
40                      </div>
41                      <table class="table1">
42                          <tr>
43                              <td bgcolor="red">新闻标题</td>
44                              <td bgcolor="red">新闻内容</td>
45                          </tr>
46                          <?php
47                              $conn = mysqli_connect("localhost","root","root","db_new") or die("数据库服务器连接错误".mysqli_connect_error());    //连接数据库
48                              mysqli_set_charset($conn,"utf8");   //设置编码格式
49                              if ($_GET[page]==""){
50                                  $_GET[page]=1;}
51                              if (is_numeric($_GET[page])){   //判断变量$page是否为数字
52                                  $page_size = 4; //每页显示4条记录
53                                  $keyword = $_POST[keyword]; //获取查询关键字内容
54                                  $query = "select id from tb_new where title like '%$keyword%' or content like '%$keyword%' order by id desc";
55                                  $result = mysqli_query($conn,$query);   //记录总条数
56                                  $message_count = mysqli_num_rows($result);//每页显示数
57                                  $page_count = ceil($message_count/$page_size); //页数
58                                  $offset = ($_GET[page]-1)*$page_size;//下一页数据编号
59                                  $sql = mysqli_query($conn,"select * from tb_new where title like '%$keyword%' or content like '%$keyword%' order by id desc limit $offset,$page_size");
60
61                                  $row = mysqli_fetch_object($sql);   //获取查询结果集
62                                  if(!$row){
```

63	echo "<font color='red'>您搜索的信息不存在，请重新输入关键字进行检索!</font>";
64	} //如果要检索的信息资源不存在，则弹出提示信息
65	do{ //使用do…while循环语句输出查询结果
66	?>
67	<tr>
68	<td width=50% style="font-size:14px"><?php echo $row->title;?></td>
69	<td width=50% style="font-size:14px"><?php echo $row->content;?></td>
70	</tr>
71	?<
72	}while($row = mysqli_fetch_object($sql)); //循环语句结束
73	}
74	mysqli_free_result($sql); //释放结果集
75	mysqli_close($conn); //关闭数据库连接
76	?>
77	</table>
78	<table style="width:100%; font-size:14px; border:0px; cellspacing:0px; cellpadding:0px">
79	<tr>
80	<!-- 翻页条 -->
81	<td width="37%"> 页次：<?php echo $_GET[page];?>/<?php echo $page_count;?>页 记录：<?php echo $message_count;?> 条 </td>
82	<td width="63%" align="right">
83	<?php
84	if($_GET[page]!=1){ //如果当前页不是首页
85	echo "<a href=search_new.php?page=1>首页</a> "; //显示"首页"超链接
86	echo "<a href=search_new.php?page=".($_GET[page]-1).">上一页</a> "; //显示"上一页"超链接
87	}
88	if($_GET[page]<$page_count){ //如果当前页不是尾页
89	echo "<a href=search_new.php?page=".($_GET[page]+1).">下一页</a> "; //显示"下一页"超链接
90	echo "<a href=search_new.php?page=".$page_count.">尾页</a>"; //显示"尾页"超链接
91	}

```
92                      mysqli_free_result($sql);    //释放结果集
93                      mysqli_close($conn);    //关闭数据库连接
94                  ?>
95                  </tr>
96              </table>
97          </div>
98        </div>
99      </div>
100     <div class="clear"></div>
101   </div>
102   <?php
103       include('footer.php');
104   ?>
105   </body>
106 </html>
```

在左侧列表中单击"查询新闻信息"链接,可以通过关键字搜索查询新闻信息,如图 9-15 所示。

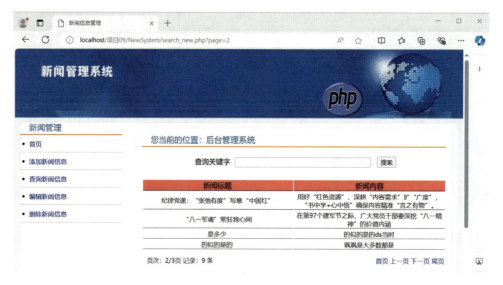

图9-15　通过关键字查询新闻信息的页面

然后在右侧搜索框中输入查询关键字"测试",单击"搜索"按钮,将输出相匹配的新闻信息,如图 9-16 所示。

项目 9　新闻管理系统——数据库

图9-16　通过关键字查询新闻信息的结果页面

任务5　新闻内容的修改

任务分析

新闻信息不可能一成不变，随着时间的推移和市场的需求，有时候需要对新闻标题或内容进行编辑和修改。

任务实施

（1）在"项目 09"的 NewSystem 目录下创建网页"update_new.php"。使用 select 语句读出全部新闻信息，显示在一个 2 行 3 列的表格中，与"search_new.php"页面所不同的是，多出的一列中显示"编辑"文字，并设置超链接，链接到网页"update.php"，并将新闻的 id 作为超链接的参数传递到该网页。其 PHP 代码如下。

```
1    <html>
2      <head>
3        <title>新闻信息管理</title>
4        <meta http-equiv="Content-Type" content="text/html" charset="utf-8">
5        <link href="css/style.css" rel="stylesheet">
6      </head>
7      <body>
8        <div class="bgimg"></div>
9        <div class="newcon">
```

253

```
10            <div class="new_left">
11              <div class="new_left1">
12                <div class="new_header"><div class="title"><span>新闻管理</span></div></div>
13                <?php
14                  include('leftmenu.php');
15                ?>
16              </div>
17            </div>
18            <div class="new_right">
19              <div>
20                <div class="blog_list_wrap">
21                  <div class="new_header"><div class="title"><span>您当前的位置：后台管理系统</span></div></div>
22                  <div style="margin-top: 20px; margin-bottom:30px; margin-left: 260px; color:red; font-weight:bold">编辑新闻信息</div>
23                  <table class="table1">
24                    <tr>
25                      <td width="180" bgcolor="red">新闻标题</td>
26                      <td width="697" bgcolor="red">新闻内容</td>
27                      <td width="20" style="width:20px" bgcolor="red">编辑新闻</td>
28                    </tr>
29                    <?php
30                      $conn = mysqli_connect("localhost","root","root","db_new") or die("数据库服务器连接错误".mysqli_connect_error());//连接数据库
31                      mysqli_set_charset($conn,"utf8");//设置编码格式
32                      /* $_GET[page]为当前页，如果$_GET[page]为空，则初始化为1 */
33                      if ($_GET[page]==""){
34                        $_GET[page]=1;}
35                      if (is_numeric($_GET[page])){ //判断变量$page是否为数字
36                        $page_size = 4;  //每页显示4条记录
37                        $query = "select id from tb_new order by id desc";
38                        $result = mysqli_query($conn,$query);
39                        $message_count = mysqli_num_rows($result);
40                        $page_count = ceil($message_count/$page_size);
41                        $offset = ($_GET[page]-1)*$page_size;
42                        $sql = mysqli_query($conn,"select * from tb_new order by id desc limit $offset, $page_size");
43                        $row = mysqli_fetch_object($sql); //获取查询结果集
44                        if(!$row){  //如果未检索到信息，则输出提示信息
45                          echo "<font color='red'>暂无新闻信息!</font>";
```

```
46                    }
47                    do{
48                ?>?php
49                    <tr>
50                       <td width="40% style="font-size:14px; text-align:left"><?php echo $row->title;?></td>
51                       <td width="40% style="font-size:14px; text-align:left"><?php echo $row->content;?></td>
52                       <td width="20% align="center" bgcolor="#E6E8FA"><a href="update.php?id=<?php echo $row->id;?>">编辑</a></td>
53                    </tr>
54                    ?<
55                    }while($row = mysqli_fetch_object($sql)); //循环语句结束
56                }
57             ?>
58          </table>
59          <br>
60          <table style="width:100%; font-size:14px; border:0px; cellspacing:0px; cellpadding:0px">
61             <tr>
62                <!-- 翻页条 -->
63                <td width="37%">  页次：<?php echo $_GET[page];?>/<?php echo $page_count;?>页 记录：<?php echo $message_count;?> 条  </td>
64                <td width="63%" align="right">
65                <?php
66                    if($_GET[page]!=1){   //如果当前页不是首页
67                       echo "<a href=update_new.php?page=1>首页</a>  ";   //显示"首页"超链接
68                       echo "<a href=update_new.php?page=".($_GET[page]-1).">上一页</a> ";   //显示"上一页"超链接
69                    }
70                    if($_GET[page]<$page_count){   //如果当前页不是尾页
71                       echo "<a href=update_new.php?page=".($_GET[page]+1)." >下一页</a> ";   //显示"下一页"超链接
72                       echo "<a href=update_new.php?page=".$page_count.">尾页</a>";   //显示"尾页"超链接
73                    }
74                    mysqli_free_result($sql);   //释放结果集
75                    mysqli_close($conn);   //关闭数据库连接
76                ?>
```

```
77                </tr>
78              </table>
79            </div>
80          </div>
81        </div>
82        <div class="clear"></div>
83      </div>
84      <?php
85        include('footer.php');
86      ?>
87    </body>
88  </html>
```

（2）在"项目09"的NewSystem目录下创建网页update.php。先完成页面布局，然后参照网页"add_new.php"在页面主体位置插入一个表单、一个文本框、一个文本域、一个隐藏域、一个提交(修改)按钮和一个重置按钮，设置表单的action属性值为"update_new_ok.php"，最后连接数据库，并根据超链接中传递的id值将数据库中读出的值显示在表单中。其PHP代码如下：

```
1   <!doctype html>
2   <html>
3     <head>
4       <title>新闻信息管理</title>
5       <meta http-equiv="Content-Type" content="text/html" charset="utf-8">
6       <link href="css/style.css" rel="stylesheet">
7     </head>
8     <body>
9       <?php
10        $conn = mysqli_connect("localhost","root","root","db_new") or die("数据库服务器连接错误".mysqli_connect_error());    //连接数据库
11        mysqli_set_charset($conn,"utf8");    //设置编码格式
12        $id = $_GET[id];         //使用get方法接收要编辑的新闻的id
13        $sql = "select * from tb_new where id=$id";    //从数据库中查找新闻id对应的新闻信息
14        $result = mysqli_query($conn,$sql);      //检索新闻id对应的新闻信息
15        $row = mysqli_fetch_object($result);     //获取结果集
16      ?>
17      <div class="bgimg"></div>
18      <div class="newcon">
19        <div class="new_left">
20          <div class="new_left1">
```

```
21            <div class="new_header" style=""><div class="title" style=""><span>新闻管
理</span></div></div>
22            <?php
23                include('leftmenu.php');
24            ?>
25        </div>
26      </div>
27      <div class="new_right">
28        <div class="">
29          <div class="">
30            <div class="new_header"><div class="title"><span>您当前的位置：后台
管理系统</span></div></div>
31            <div style="margin-top:100px;margin-left: 100px;">
32              <form name="form1" method="post" action="update_new_ok.php">
33                <table width="550" height="212" border="0" cellpadding="0" cellspacing="0" bgcolor="#FFFFFF">
34                  <tr>
35                    <td width="87" align="center">新闻主题：</td>
36                    <td width="433" height="31"><input name="title" type="text" id="txt_title" size="40" value="<?php echo $row->title;?>">
37                        <input name="id" type="hidden" value="<?php echo $row->id;?>">
38                    </td>
39                  </tr>
40                  <tr>
41                    <td height="124" align="center">新闻内容：</td>
42                    <td><textarea name="content" cols="50" rows="8" ><?php echo $row->content;?></textarea></td>
43                  </tr>
44                  <tr>
45                    <td height="40" colspan="2" align="center">
46                      <input name="Submit" type="submit" class="btn_grey" value="修改" >
47                       <input type="reset" name="Submit2" value="重置"></td>
48                  </tr>
49                </table>
50              </form>
51            </div>
52          </div>
53        </div>
54      </div>
```

```
55            <div class="clear"></div>
56        </div>
57        <?php
58            include('footer.php');
59        ?>
60    </body>
61 </html>
```

（3）在"项目09"的NewSystem目录下创建网页update_new_ok.php。这个页面对表单提交的数据进行处理，根据表单隐藏域中传递的id值，执行update更新语句，完成对新闻信息的编辑。其PHP代码如下：

```
1  <?php
2      $conn = mysqli_connect("localhost","root","root","db_new") or die("数据库服务器连接错误".mysqli_connect_error());//连接数据库
3      mysqli_set_charset($conn,"utf8");//设置编码格式
4      $title = $_POST[title];//获取新闻主题
5      $content = $_POST[content];//获取新闻内容
6      $id = $_POST[id];//获取新闻id
7      //应用mysqli_query()函数向MySQL数据库服务器发送修改新闻信息的SQL语句
8      $sql = "update tb_new set title='$title',content='$content' where id=$id";
9      $result = mysqli_query($conn,$sql);
10     if($result){
11         echo "<script>alert('新闻信息编辑成功！');history.back();window.location.href='update.php?id=$id';</script>";
12     }else{
13         echo "<script>alert('新闻信息编辑失败！');history.back();window.location.href='update.php?id=$id';</script>";
14     }
15 ?>
16 <meta http-equiv="Content-Type" content="text/html" charset="utf-8">
```

在任何一个页面的左侧列表中单击"编辑新闻信息"超链接，进入编辑新闻信息页面，如图9-17所示。

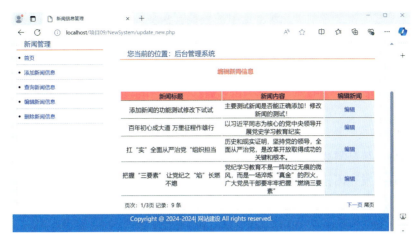

图9-17　编辑新闻信息页面

在上述新闻信息页面，对想修改的新闻项点击对应的"编辑"按钮，进入修改新闻页面，输入要修改的新闻主题和新闻内容，如图 9-18 所示。

图9-18　修改新闻信息的页面

修改好新闻信息后，单击"修改"按钮，会提示"新闻信息编辑成功！"，如图 9-19 所示。

图9-19　新闻信息编辑成功的页面

任务6　新闻内容的删除

任务分析

新闻信息系统是需要定期维护的，一般用于发布最新的新闻信息。为节约系统资源，也为了应对有些发布出错的情况，对新闻信息进行删除的功能是必须要有的。

任务实施

（1）在"项目09"的 NewSystem 目录下创建网页"delete_new.php"。先参照网页"update_new.php"的样式设计主题部分的布局，唯一的不同是把"编辑新闻"变为"删除新闻"，"删除"按钮链接到网页"delete_new_ok.php"，根据超链接传递的新闻信息 ID 值，执行 delete 删除语句，删除数据表中指定的新闻信息。最后使用 if 语句进行判断，并给出相应提示信息。其 PHP 代码如下。

```
1    <html>
2      <head>
3        <title>信息管理</title>
4        <meta http-equiv="Content-Type" content="text/html; charset=utf-8">
5        <link href="css/style.css" rel="stylesheet">
6      </head>
7      <body>
8        <div class="bgimg"></div>
9        <div class="newcon">
10         <div class="new_left">
11           <div class="new_left1">
12             <div class="new_header" style=""><div class="title" style=""><span>新闻管理</span></div></div>
13             <?php
14               include('leftmenu.php');
15             ?>
16           </div>
17         </div>
18         <div class="new_right">
19           <div>
20             <div>
21               <div class="new_header"><div class="title"><span>您当前的位置：后台
```

管理系统</span></div></div>
22　　　　　　　　　<div style="margin-top: 20px; margin-bottom:30px; margin-left: 260px; color:red; font-weight:bold">删除新闻信息</div>
23　　　　　　　　　<table class="table1">
24　　　　　　　　　<tr>
25　　　　　　　　　<td width=40% bgcolor="red">新闻标题</td>
26　　　　　　　　　<td width=40% bgcolor="red">新闻内容</td>
27　　　　　　　　　<td width=20% bgcolor="red">删除新闻</td>
28　　　　　　　　　</tr>
29　　　　　　　　　<?php
30　　　　　　　　　$conn = mysqli_connect("localhost","root","root","db_new") or die("数据库服务器连接错误".mysqli_connect_error());　　　　//连接数据库
31　　　　　　　　　mysqli_set_charset($conn,"utf8"); //设置编码格式
32　　　　　　　　　/* $_GET[page]为当前页，如果$_GET[page]为空，则初始化为1 */
33　　　　　　　　　if ($_GET[page]==""){
34　　　　　　　　　$_GET[page]=1;}
35　　　　　　　　　if (is_numeric($_GET[page])){ //判断变量$page是否为数字
36　　　　　　　　　$page_size = 4; //每页显示4条记录
37　　　　　　　　　$query = "select id from tb_new order by id desc";
38　　　　　　　　　$result = mysqli_query ($conn,$query);
39　　　　　　　　　$message_count = mysqli_num_rows($result);
40　　　　　　　　　$page_count = ceil($message_count/$page_size);
41　　　　　　　　　$offset = ($_GET[page]-1)*$page_size;
42　　　　　　　　　$sql = mysqli_query ($conn,"select * from tb_new order by id desc limit $offset, $page_size");
43　　　　　　　　　$row = mysqli_fetch_object ($sql); //获取查询结果集
44　　　　　　　　　if(!$row){ //如果未检索到信息，则输出提示信息
45　　　　　　　　　echo "<font color ='red' >暂无新闻信息!</font>";
46　　　　　　　　　}
47　　　　　　　　　do{
48　　　　　　　　　?>php
49　　　　　　　　　<tr>
50　　　　　　　　　<td width=40% style="font-size:14px; "><?php echo $row->title;?></td>
51　　　　　　　　　<td width=40% style="font-size:14px; "><?php echo $row->content;?></td>
52　　　　　　　　　<td width=20% align="center" bgcolor="#E6E8FA"><a href="delete_new_ok.php?id=<?php echo $row->id;?>">删除</a></td>
53
54　　　　　　　　　</tr>
55　　　　　　　　　?<

```
56                    }while($row = mysqli_fetch_object($sql));  //循环语句结束
57                }
58            ?>
59            </table>
60            <br>
61            <table style="width:100%; font-size:14px; border:0px; cellspacing: 0px; cellpadding:0px">
62                <tr>
63                    <!-- 翻页条 -->
64                    <td width="37%">  页次：<?php echo $_GET[page];?>/<?php echo $page_count;?>页 记录：<?php echo $message_count;?> 条  </td>
65                    <td width="63%" align="right">
66                    <?php
67                        if($_GET[page]!=1){  //如果当前页不是首页
68                            echo "<a href=delete_new.php?page=1>首页</a> ";  //显示"首页"超链接
69                            echo "<a href=delete_new.php?page=".($_GET[page]-1).">上一页</a> ";  //显示"上一页"超链接
70                        }
71                        if($_GET[page]<$page_count){  //如果当前页不是尾页
72                            echo "<a href=delete_new.php?page=".($_GET[page]+1).">下一页</a> ";  //显示"下一页"超链接
73                            echo "<a href=delete_new.php?page=".$page_count.">尾页</a>";  //显示"尾页"超链接
74                        }
75                        mysqli_free_result($sql);  //释放结果集
76                        mysqli_close($conn);  //关闭数据库连接
77                    ?>
78                </tr>
79            </table>
80        </div>
81      </div>
82    </div>
83    <div class="clear"></div>
84   </div>
85   <?php
86     include('footer.php');
87   ?>
88  </body>
89 </html>
```

（2）在"项目09"的NewSystem目录下创建网页"delete_new_ok.php"。根据超链接传递的新闻信息ID值，执行delete删除语句，删除数据表中指定的新闻信息。最后使用if语句进行判断，并给出相应提示信息。其PHP代码如下。

```
1   <?php
2       $conn = mysqli_connect("localhost","root","root","db_new") or die("数据库服务器连接错误".mysqli_connect_error());   //连接数据库
3       mysqli_set_charset($conn,"utf8");   //设置编码格式
4       $id = $_GET[id];   //获取新闻id
5       //应用mysqli_query()函数向MySQL数据库服务器发送删除新闻信息的SQL语句
6       $sql = mysqli_query($conn,"delete from tb_new where id=$id");
7       if($sql){
8           echo "<script>alert('新闻信息删除成功！');history.back();window.location.href='delete_new.php?id=$id';</script>";
9       }else{
10          echo "<script>alert('新闻信息删除失败！');history.back();window.location.href='delete_new.php?id=$id';</script>";
11      }
12  ?>
```

在任何一个页面的左侧列表中单击"删除新闻信息"超链接，进入删除新闻信息的页面，此时显示有9条记录，如图9-20所示。

图9-20　删除新闻信息的页面

单击要删除新闻信息右侧对应的"删除"按钮，弹出提示"新闻信息删除成功！"，如图9-21所示。

263

图9-21　新闻信息成功删除的页面

单击"确定"按钮，之后按 F5 刷新页面，可以看到信息删除成功之后的页面，此时只有 8 条记录了，说明删除成功，如图 9-22 所示。

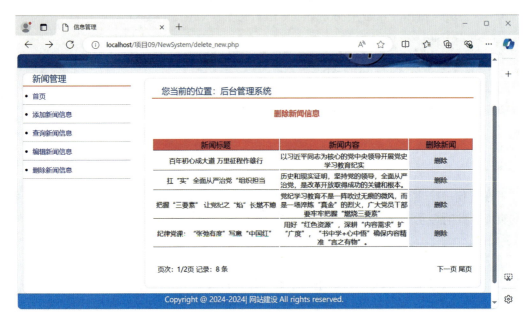

图9-22　信息成功删除后的新闻页面

项目小结

本项目主要介绍了 PHP 操作 MySQL 数据库的方法，主要包括 PHP 访问 MySQL 数据库的一般流程、使用 mysqli_connect() 函数连接 MySQL 服务器，使用 mysqli_select_db() 函数修改 MySQL 服务器时定义的默认 MySQL 数据库或者要选择服务器上的数据库，使用 mysqli_query() 函数对数据库中的表执行操作，以及处理查询结果集的常用函数（mysqli_fetch_array()、mysqli_fetch_object()、mysqli_fetch_row()、mysqli_num_rows() 和 mysqli_affected_rows()）。本项目知识点思维导图如图 9-23 所示。

项目 9　新闻管理系统——数据库

```
数据库 ── PHP 访问 MySQL 数据库的流程 ──┬── 连接 MySQL 服务器
                                    ├── 选择 MySQL 数据库
                                    ├── 执行 SQL 语句
                                    ├── 处理结果集
                                    └── 关闭 MySQL 服务器
```

图9-23　项目9知识点思维导图

成长驿站

《吕氏春秋·用众》中曾描述"物固莫不有长，莫不有短。人亦然。故善学者，假人之长以补其短。"说的正是取长补短的道理。我们每个人都有长处，也有自己的不足，在为人、处事、学习、生活上，要学会和别人配合，优势互补，形成一个整体和团队，可能会获得更好的效果。在团队协作的过程中，我们要端正自己的态度，一定要扬长避短，相互合作，有困难及时请教有经验的人员，加强彼此之间的沟通，协力合作，让学习和工作事半功倍。

项目实训

1. 实训要求

本实训要求使用面向对象方法，创建数据库操作类 Model，然后将数据库连接、操作、分页显示等方法封装到逻辑业务类中，然后对类中的方法进行调用，来实现与数据库的连接、查询数据库中的数据和数据的分页显示。

2. 实训步骤

步骤1：新建文档"config.php"，并将其保存在"D:\phpstudy_pro\WWW\project09"目录下。

步骤2：创建页面"Model.php"，创建数据库操作类 Model，并在类中定义构造方法，实现连接数据库并加载表字段信息，以及无条件查询表中数据的功能。

步骤3：创建页面"add_new.php"，在页面中插入表单，设置其action属性值为donew.php，并根据是否具有id值，来判断是更新记录还是添加记录。

步骤4：由于编辑记录也是调用该页面，设置文本框和文本域的value值，在该值中实例化类，并调用类中的方法，读取相应"新闻标题"和"新闻内容"字段。

步骤5：创建页面"donew.php"，首先导入配置文件和Model类，然后实例化类，最后创建switch语句，根据参数a执行重置、添加或删除操作。

265

步骤6：创建页面"page.php"，自定义分页类Page，并分别定义各种方法以实现不同功能。

步骤7：创建页面"search_new.php"，首先为查询关键字文本框设置value属性值。代码如下：

<input name="keyword" type="text" id="txt keyword" size="40" value="<?php echoempty($_POST['keyword'])?'':$_POST['keyword'];?>">

步骤8：由于"分页显示新闻信息"也是调用该页面，"编辑"和"删除"功能也都要设置在该页面中。

项目习题

一、填空题

1. MySQL 数据库服务默认开放的端口号是（　　　　），默认管理员为（　　　　）。
2. MySQL 的配置文件中，（　　　　）用于指定数据库文件的保存目录。
3. PHP 提供了许多数据库扩展，常用的是 MySQL 扩展、（　　　　）和 PDO 扩展。
4. 通过（　　　　）函数连接 MySQL 服务器。
5. 通过（　　　　）函数可以取得前一次 MySQL 操作所影响的记录行数。

二、选择题

1. 请看代码，数据库关闭指令将关闭哪个连接标识？（　　　　）

```
<?
$link1 =mysql_connect("localhost","root","");
$link2 =mysql_connect("localhost","root","");
mysql_close();
?>
```

  A. $link1   B. $link2
  C. 全部关闭   D. 报错

2. 以下关于 MySQL 叙述中，错误的是（　　　　）。
  A. MySQL 是真正多线程、单用户的数据库系统
  B. MySQL 是真正支持多平台的
  C. MySQL 完全支持 ODBC
  D. MySQL 可以在一次操作中从不同的数据库中混合表格

3. 下列选项中，mysqli_fetch_array() 函数的默认返回值形式是（　　）。
   A. MYSQLI_ASSOC　　　　　　B. MYSQLI_ROW
   C. MYSQLI_NUM　　　　　　　D. MYSQLI_BOTH
4. 下列选项中，不属于 PHP 数据库扩展的是（　　）。
   A. MySQL　　　　　　　　　　B. FILEINFO
   C. MySQLi　　　　　　　　　　D. PDO
5. 关于 mysql_select_db 的作用描述正确的是（　　）。
   A. 连接数据库
   B. 连接并选取数据库
   C. 连接并打开数据库
   D. 选取数据库

三、操作题

假设 MySQL 数据库主机为"localhost"，用户名和密码都为"root"，数据库"student"中有一数据表"score"，有三个字段，类型及说明如下：

字段	类型	说明
id	int 自动增1	表的主键
name	varchar(20)	学生姓名
score	int	成绩

请根据功能要求编写三个 PHP 网页：add.php、view.php、op.php。

（1）add.php。功能要求：实现添加记录的功能，其中包括输入姓名及成绩的表单界面、提交表单后的处理程序等。

（2）view.php。功能要求：把表中所有学生的姓名和成绩信息输出到网页上。

（3）op.php。功能要求：把所有分数在 55（包括 55）到 59（包括 59）之间的学生的成绩改为 60；把姓名为"测试"的记录删除。

项目 10

贷款计算器——面向对象

情景导入

　　林林学习了 PHP 的开发环境搭建、PHP 程序的基本结构和开发流程，能够对文件及 MySQL 数据库进行操作，完成了一系列小应用程序的开发，并通过函数的使用，提高了代码的复用性。为了进一步提高数据的独立性和安全性，将面向对象的思想融入到编程中，林林决定学习面向对象的基础知识，掌握面向对象的三大特性，理解抽象类和接口技术，熟练掌握面向对象常用的关键字和方法，并在此基础上完成贷款计算器的开发。

项目目标

1. 知识目标

◆ 理解面向对象思想。
◆ 掌握类与对象的概念及关系、构造方法和析构方法。
◆ 掌握面向对象三大特性：封装、继承和多态。
◆ 掌握抽象类和接口技术。
◆ 掌握类和对象的常用方法。

2. 技能目标

◆ 能使用面向对象的常用关键字和方法。
◆ 能使用面向对象知识开发贷款计算器。

3. 素养目标

◆ 培养掌握真理的勇气、严谨求实的科学态度及刻苦钻研的作风。
◆ 树立正确的世界观、人生观和价值观。
◆ 激发求知热情、探索精神和创新精神。

知识准备

10.1 类和对象

在程序设计中,存在两种典型的编程思想:面向过程编程和面向对象编程。其中面向过程编程(procedure-oriented programming,POP)就是分析出解决问题所需要的步骤,然后用函数把这些步骤一步一步实现,使用的时候再一个一个地依次调用就可以了。前面学习的编程内容就是基于面向过程思想。面向对象(object-oriented programming,OOP)是以对象为中心,把一些对同种类型对象的常用操作封装到一个抽象出来的类里,通过类实例化生成的对象调用相关的操作。PHP是一个混合型语言,可以使用面向过程和面向对象两种编程思想。

10.1.1 类的概念

世界万物都有其自身的属性和方法,通过这些属性和方法将世界万物以不同物质区分开来。在现实的世界里,是没有类的概念的,类是世界万物中具有相同属性和方法事物的抽象,是属性和方法的统一体。

在面向对象的编程语言中,类是一个独立的程序单位,它应该有一个类名并包括属性说明和操作说明。

在PHP中,类(class)是变量与作用于这些变量的函数的集合,是具有相同属性和操作的一组对象的集合。它为属于该类的所有对象提供了统一的抽象描述,其内部包括成员属性和成员方法两个主要部分。通俗地说,成员属性是类中的变量和常量,成员方法是面向过程里的函数。

在PHP中,声明类的语法格式如下:

```
class 类名{
     成员属性;
     成员方法;
}
```

具体说明如下:

(1)类名必须是合法的PHP标识符,只能以大小写字母、下划线或汉字开头,不能以数字开头;

(2)类名不能使用关键字和重名;

(3)类名一定有意义,由于类名不区分大小写,使用多个单词组合命名时,最好使用驼峰法（每个单词的首字母大写）的写法。

定义一个家禽类的示例代码如下：

```
1   <?php
2     class 家禽{
3       pubic $name;                    //属性:家禽名字
4       public $size;                   //属性:家禽大小
5       public $color;                  //属性:家禽颜色
6       public function say(){
7         echo "我有两条腿和两只翅膀";   //方法
8       }
9     }
10  ?>
```

10.1.2 对象

世界万物即对象，对象是人们要进行研究的具体事物。类与对象的关系为：类是对象的抽象，将类进行实例化就是对象。在大多数情况下，类只有实例化成对象后才能工作。

对家禽的类进行实例化如下：

```
1   <?php
2     class 家禽{
3       pubic $name;                    //属性家禽名字
4       public $size;                   //属性家禽大小
5       public $color;                  //属性家禽颜色
6       public function say(){
7         echo "我有两条腿和两只翅膀";   //方法
8       }
9     }
10    $家禽=new 家禽();
11  ?>
```

注意：在第10行"$家禽=new 家禽();"中，两个"家禽"代表的是不同的含义，前面的"$家禽"是对象，new后面的是类。

对象生成之后，要访问对象中的成员，语法格式如下：

对象名->属性名；
对象名->方法名；

其中"->"称为对象运算符，该方法是在对象的外部去访问对象中的成员。如果想在对象的内部,让对象里的方法访问对象的属性,需要使用"$this"这个特殊关键字,表示对当前对象的引用,其作用是完成对象内部成员之间的引用。

接下来,我们对家禽类代码进行完善。

案例 10-1:访问成员方法及属性。

```php
1   <?php
2     class 家禽{
3       public $name;
4       public $size;
5       public $color;
6       public function setPoultry($name,$size,$color){
7         $this->name=$name;
8         $this->size=$size;
9         $this->color=$color;
10      }
11      public function say(){
12        echo "我是一只".$this->color."的".$this->size.$this->name."," "."我有两条腿和两只翅膀";
13      }
14    }
15    $家禽=new 家禽();
16    $家禽->setPoultry("鸭子","小","黄色");
17    echo $家禽->name;
18    $家禽->say();
19  ?>
```

需要注意的是,$this 不能在类定义的外部使用,只能在类定义的方法中使用。程序运行结果如图 10-1 所示。

图10-1　访问成员方法及属性的显示结果

10.1.3　构造方法

在面向对象编程中有个很特别的方法,这个方法称为构造方法,是对象被创建时自动调用的方法,用来完成类初始化的工作。因为只要 PHP 的类一加载就会自动执行此方法,所以一般初始化的工作都放在此方法中。

当创建一个对象时，将自动调用构造方法，构造方法是对象创建后第一个被对象调用的方法。在 PHP 中，构造方法的名称必须是＿＿construct()，其语法格式是：

修饰符 function ＿＿construct([参数列表])
{
　...
}

构造方法的使用，需要注意以下几个方面：

（1）构造函数的访问修饰符可以是 public、protected、private，一般情况下是 public，默认就是 public。

（2）＿＿construct 是关键字，不能修改，"＿＿"是两个"＿"下划线。

（3）构造函数没有返回值，即没有 return。

（4）构造函数是系统调用的，程序员不能显示调用。

（5）构造方法的主要作用是完成对新对象的初始化，并不是创建对象本身。在创建新对象后，系统会自动调用该类的构造方法，不需要再编写代码调用。

（6）如果没有给类自定义构造方法，则该类使用系统默认的构造方法，默认的构造方法的方法体为空。如果给类自定义了构造方法，则该类的默认构造方法被覆盖。

在创建对象时，可以直接调用构造方法，在构造方法中对属性赋值。

案例 10-2：利用构造方法实现属性赋值。对案例 10-1 代码进行修改，代码如下。

```
1    <?php
2      class 家禽{
3        public $name;
4        public $size;
5        public $color;
6        public function __construct($name,$size,$color){
7          $this->name=$name;
8          $this->size=$size;
9          $this->color=$color;
10       }
11       public function say(){
12         echo "我是一只".$this->color."的".$this->size.$this->name.", "."我有两条腿和两只翅膀";
13       }
14     }
15     $家禽=new 家禽("鹅","大","白色");
16     $家禽->say();
17   ?>
```

程序运行结果如图 10-2 所示。

图10-2　利用构造方法实现属性赋值的显示结果

10.1.4　析构方法

与构造方法对应的是析构方法，该方法主要用于销毁资源（PHP 代码结束后不能清理的数据，如生成的文件）。它会在程序退出（进程结束）时、对象的所有引用都被删除时，或者当对象被显示销毁时执行。

在 PHP 中，析构方法的名称必须是 __destruct()，其语法格式是：

修饰符 function __destruct([参数列表])
{
　...
}

析构方法的使用，需要注意以下几个方面：

（1）析构方法会自动执行，不能手动调用。

（2）__destruct 是关键字，不能修改，"__"是两个"_"下划线。

（3）析构方法没有形参。

（4）析构方法调用顺序是，先创建的对象后被销毁。

（5）一个类最多只有一个析构方法。

（6）析构方法是释放资源的操作，并不是销毁对象本身。

案例 10-3：创建两个对象，程序执行完成后，分析对象销毁的过程。

```
1    <?php
2    class 家禽{
3      public $name;
4      public $size;
5      public $color;
6      public function __construct($name,$size,$color){
7        $this->name=$name;
8        $this->size=$size;
9        $this->color=$color;
10     }
11     public function say(){
```

```
12              echo "我是一只".$this->color."的".$this->size.$this->name."<br>";
13          }
14          function __destruct(){
15              echo "销毁".$this->size.$this->name."<br>";
16          }
17      }
18      $鸭=new 家禽("鸭子","小","黄色");
19      $鹅=new 家禽("鹅","大","白色");
20      $鸭->say();
21      $鹅->say();
22  ?>
```

程序的运行结果如图 10-3 所示。

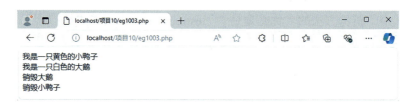

图10-3　对象销毁的显示结果

10.2　面向对象的三大特征

面向对象编程具有封装、继承、多态三大特征，它们迎合了编程中注重代码重用性、灵活性和可扩展性的需要，奠定了面向对象在编程中的地位。

10.2.1　封装

封装就是将一个类的使用和实现分开，只保留有限的接口（方法）与外部联系。对于用到该类的开发人员，只要知道这个类该如何使用即可，而不用去关心这个类是如何实现的。这样做可以让开发人员更好地把精力集中起来专注于实现主要的功能，同时也避免了程序之间的相互依赖而带来的不便。

在 PHP 中，封装主要通过访问控制修饰符来实现。PHP 提供了三种访问控制修饰符，分别是 public、protected 和 private。

public 修饰符：public 修饰符表示类的成员（属性或方法）是公开的，可以被类的实例对象、子类和外部程序访问到。如果类的成员没有指定控制修饰符，则默认为 public。

protected 修饰符：protected 修饰符表示类的成员只能被类本身和子类访问，不能被外部程序直接访问到。

private 修饰符：private 修饰符表示类的成员只能被类本身访问，不能被子类和外部程序直接访问到。

案例 10-4：将案例 10-2 的方法访问控制修饰符由 public 改为 private。

```
1    <?php
2      class 家禽{
3        public $name;
4        public $size;
5        public $color;
6        public function __construct($name,$size,$color){
7          $this->name=$name;
8          $this->size=$size;
9          $this->color=$color;
10       }
11       private function say(){    //将该方法改成私有成员方法
12         echo "我是一只".$this->color."的".$this->size.$this->name.","."我有两条腿和两只翅膀";
13       }
14     }
15     $家禽=new 家禽("鹅","大","白色");
16     $家禽->say();
17   ?>
```

运行结果如图 10-4 所示。

图10-4 修改后对象无法直接访问私有成员的显示结果

从上面的案例中可以看出，私有成员是不能够被外部访问的。如果我们将案例 10-2 中成员属性的访问控制修饰符改为 private，并不影响程序的正常运行，这是因为私有成员可以在对象内部访问。

10.2.2 继承

继承就是派生类（子类）自动继承一个或多个基类（父类）中的属性与方法，并可以重写或添加新的属性或方法。继承这个特性简化了对象和类的创建，增加了代码的重用性。

例如，已经定义了 A 类，接下来准备定义 B 类，而 B 类中有很多属性和方法与 A 类相同，那么就可以用 B 类继承 A 类，这样就不用再在 B 类中定义 A 类中已有的属性和方法，从而在很大程度上提高程序的开发效率。

继承分为单继承和多继承，PHP 目前只支持单继承，也就是说一个子类有且只有一个父类。

继承使用关键字 extends，其语法格式为：

class 子类名 extends 父类名{

　…

}

继承的使用，需要注意以下几个方面：

（1）子类可以继承父类的构造函数，当子类被实例化时，首先在子类中查找构造函数。当子类没有自己的构造函数时，则会去调用父类中的构造函数。

（2）若子类需要使用父类的方法，则可以使用 "parent:: 父类方法名"。

（3）final 关键字标记的类不能被继承。

以下代码中，鸡类继承了用 final 关键字标记的家禽类。

```
1  <?php
2      final class 家禽{}
3      class 鸡 extends 家禽{}
4  ?>
```

运行结果如图 10-5 所示。

图10-5　继承 final 类的显示结果

（4）final 只能用于定义类和方法，不能用于定义成员属性。另外，final 关键字标记的方法也不能被子类覆盖。

案例 10-5：利用继承展现具体家禽的特点。

```php
1   <?php
2     class 家禽{
3       public $name;
4       public $size;
5       public $color;
6       public function __construct($name,$size,$color){
7         $this->name=$name;
8         $this->size=$size;
9         $this->color=$color;
10      }
11      public function say(){
12        echo "我是一只".$this->color."的".$this->size.$this->name.",  "."我有两条腿和两只翅膀<br>";
13      }
14    }
15    class 鸡 extends 家禽{
16      public $foot;
17      public function noSwim(){
18        parent::say();
19        echo "我的脚上没有蹼，我不会游泳<br>";
20      }
21    }
22    $鸡=new 鸡("公鸡","大","红色");
23    $鸡->noSwim();
24  ?>
```

运行结果如图 10-6 所示。

图10-6 继承对象的显示结果

10.2.3 多态

对象的状态是多变的。一个对象相对于同一个类的另一个对象来说，它们拥有的属性和方法虽然相同，但却可以有着不同的状态。另外，一个类可以派生出若干个子类，

这些子类在保留了父对象的某些属性和方法的同时,也可以定义一些新的方法和属性,甚至于完全改写父类中的某些已有的方法。这种特性被称为"多态",多态增强了软件的灵活性和重用性。

PHP 是弱类型语言,不检测参数类型,对于多态的体现比较模糊。在 PHP5.3 以上版本中可以声明参数为某对象,当声明参数为某类实例化后的对象时,就得用父类渲染的方式令其多态。

多态的一般定义为:同一个操作作用于不同的类的实例,将产生不同的执行结果。也即不同类的对象收到相同的消息时,将得到不同的结果。

在实际的应用开发中,采用面向对象的编程方法时多态主要体现在可以将不同的子类对象都当作一个父类来处理,并且可以屏蔽不同子类对象之间所存在的差异,写出通用的代码,做出通用的编程,以适应需求的不断变化。

比如家禽,有许多共性,但每种家禽也有自己独有特点。例如,家禽(鸡、鸭、鹅)的叫声是不同的,可以定义一个方法,接收家禽类型参数的对象,通过传入不同的家禽类型对象,发出不同的叫声。

案例 10-6:利用多态实现输出不同家禽的叫声。

```
1   <?php
2     class 家禽{
3       public $name;
4       public $size;
5       public $color;
6       public function __construct($name,$size,$color){
7         $this->name=$name;
8         $this->size=$size;
9         $this->color=$color;
10      }
11      public function say(){
12        echo "我是一只".$this->color."的".$this->size.$this->name."<br>";
13      }
14    }
15    class 鸡 extends 家禽{
16      public function say(){
17        echo ""喔喔喔...<br>";
18      }
19    }
20    class 鸭 extends 家禽{
21      public function say(){
22        echo ""嘎嘎嘎...<br>";
23      }
```

```
24      }
25      function poultrySay($obj){
26        if($obj instanceof 家禽){
27          $obj->say();
28        }else
29        {
30          echo "不知道是哪种家禽在叫";
31        }
32      }
33      $鸡=new 鸡("公鸡","大","红色");
34      $鸭=new 鸭("鸭子","小","黄色");
35      poultrySay($鸡);
36      poultrySay($鸭);
37      poultrySay($鹅);
38    ?>
```

程序运行结果如图 10-7 所示。

图10-7　多态实现输出不同家禽的叫声的显示结果

10.3　抽象类和接口

10.3.1　抽象类

抽象类是一种特殊的类，它不能被实例化，而只能被继承。在 PHP 中，抽象类可以通过使用关键字 abstract 来定义，它可以包含抽象方法和实现方法。

在 PHP 中，定义抽象类和抽象方法的关键字是 abstract，其语法格式是：

abstract class 抽象类名
{
....
　　访问修饰符 abstract function 抽象方法名();
}
任何一个类，如果它里面至少有一个方法是被声明为抽象的，那么这个类就必须

被声明为抽象的。被定义为抽象的方法只是声明了其调用方式（参数），不能定义其具体的功能实现。继承一个抽象类的时候，子类必须定义父类中的所有抽象方法，如果子类没有实现抽象类中的所有抽象方法，那么子类也是一个抽象类。抽象类中可以有非抽象方法、成员属性和常量。

需要注意的是：

（1）抽象父类中定义的抽象方法的访问修饰符是 public，那么子类的声明只能是 public，不能是 private 或 protected。

（2）抽象父类中定义的抽象方法的访问修饰符是 protected，那么子类的声明只能是 public 或 protected，不能是 private。

（3）抽象父类中定义的抽象方法的访问修饰符不能是 private。

案例 10-7：利用抽象类实现输出不同家禽各自的能力。

```php
1   <?php
2     abstract class 家禽
3     {
4       // 强制要求子类定义这些方法
5       abstract protected function getname();
6       abstract protected function prefixValue($func);
7       // 普通方法（非抽象方法）
8       public function printOut() {
9         print $this->getname();
10      }
11    }
12    class 鸡 extends 家禽
13    {
14      protected function getname() {
15        return "大公鸡";
16      }
17      public function prefixValue($func) {
18        return "{$func}";
19      }
20    }
21    class 鸭 extends 家禽
22    {
23      public function getname() {
24        return "小黄鸭";
25      }
26      public function prefixValue($func) {
27        return "{$func}";
```

```
28        }
29    }
30    $class1 = new 鸡;
31    $class1->printOut();
32    echo $class1->prefixValue('会打鸣') ."<br>";
33    $class2 = new 鸭;
34    $class2->printOut();
35    echo $class2->prefixValue('会游泳') ."<br>";
36 ?>
```

程序的运行结果如图 10-8 所示。

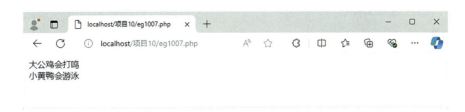

图10-8　抽象类的显示结果

10.3.2　接口

因为 PHP 是单继承的，如果使用抽象类，子类实现完抽象类就不能继承其他的类了，如果既想实现一些规范，又想继承其他的类，那么就要使用接口。

如果一个抽象类的所有方法都是抽象的，那么这个类可以通过接口方式进行定义。接口的关键字是 interface，其语法格式是：

interface 接口名
{
　　function 方法名();
}

接口和抽象类的共同点：

（1）作用相同，都不能创建对象，需要子类去实现。

（2）子类都必须实现已经声明的抽象方法。

接口与抽象类的不同点：

（1）接口的声明（interface）和抽象类的声明（abstract）不一样。

（2）接口实现使用 implements，抽象类使用 extends。

（3）接口中所有方法都必须是抽象方法（不能使用 abstract）。

（4）接口中的成员属性只能声明常量，不能声明变量。

（5）接口中的成员访问权限都必须是 public，抽象类中的权限可以是 public、protected。

（6）一个类可以实现多个接口，使用逗号分隔多个接口名，一个类在继承一个类的同时可以去实现一个或多个接口（先继承再实现）。

在一个家禽市场里，主要有买、卖、看三个行为，但市场交易的家禽种类比较多，无法明确具体交易哪一种家禽。定义一个包含买（buy）、卖（sell）、看（view）三种方法的接口，继承此接口类的所有子类都必须实现这 3 个方法。

案例 10-8：利用接口实现家禽市场交易。

```
1    <?php
2        interface 家禽交易
3        {
4            public function buy($poultry);
5            public function sell($poultry);
6            public function view($poultry);
7        }
8        class 家禽市场 implements 家禽交易
9        {
10           public function buy($poultry)
11           {
12               echo('你购买了家禽为:'.$poultry.'的商品<br>');
13           }
14           public function sell($poultry)
15           {
16               echo('你销售了家禽为 :'.$poultry.'的商品<br>');
17           }
18           public function view($poultry)
19           {
20               echo('你查看了家禽为 :'.$poultry.'的商品<br>');
21           }
22       }
23       $鹅=new 家禽市场();
24       $鹅->buy("大白鹅");
25       $鹅->sell("大白鹅");
26       $鹅->view("大白鹅");
27   ?>
```

程序的运行结果如图 10-9 所示。

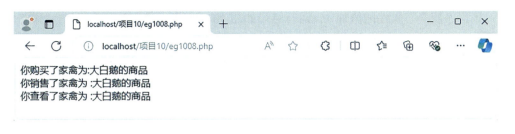

图10-9　接口的显示结果

10.4　静态属性和静态方法

在 PHP 中，使用关键字 static 修饰的成员属性和成员方法被称为静态属性和静态方法。静态属性和静态方法不需要在类被实例化的情况下使用，可以直接使用。

10.4.1　静态属性

与普通的成员属性不同，静态属性属于类本身而不属于类的任何实例。静态属性可以被看作是存储在类当中的全局变量，可以在任何地方通过类来访问它们。

由于静态属性不受任何具体对象的限制，所以不需要建立类实例，而可以被直接引用，语法格式如下：

类名::$静态属性名

其中，符号"::"被称作范围解析操作符，它可以用于访问静态成员、静态方法和常量，还可以用于覆盖类中的成员和方法。

在静态方法中，不能通过"this->"调用非静态成员，如果想在同一类的成员方法中访问静态属性，可以通过在该静态属性的名称前加上操作符"self::"来实现。

案例 10-9：利用静态属性实现家禽数量递增。

```
1     <?php
2       class 家禽{
3         tatic $number=10;   //定义静态属性 number
4         function addOne(){
5           self::$number++;    //调用同一类中的静态属性number
6           echo"\$number的值为：".self::$number;
7         }
8       }
9       $obj=new 家禽();
10      $obj->addOne();
11    ?>
```

该程序使静态属性的值加 1，运行结果如图 10-10 所示。

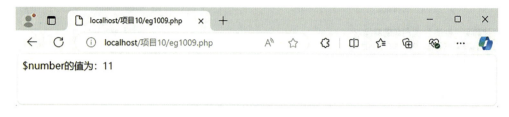

图10-10　静态属性的显示结果

10.4.2　静态方法

在 PHP 中将成员方法声明为静态，就称其为静态方法。由于静态方法不受任何具体对象的限制，所以不需要建立类实例就可以直接引用。语法格式如下：

类名::静态方法名（[参数1,参数2,……]）；

与调用静态属性相同，在类中使用操作符 "self::" 来表示调用同一类中的静态方法。

案例 10-10：利用静态方法实现家禽数量递增。

```
1   <?php
2       class 家禽{
3           static function addOne($number){ //定义静态方法 addOne()
4               echo"\$number+1=";
5               echo $number+1;
6           }
7           static function showResult($number){
8               echo"\$number=".$number;
9               echo"<br>";
10              self::addOne($number); //调用同一类中的静态方法 addOne()
11          }
12      }
13      家禽::showResult(20);
14  ?>
```

程序运行结果如图 10-11 所示。

图10-11　静态方法的显示结果

10.5　常用方法

10.5.1　属性重载

在现实中，很多类的属性都被定义成 private。但对属性的读和写操作是非常频繁的，当 PHP 对象访问不存在的或者没有权限访问的属性时会自动调用以下方法：

（1）__get($propertyName)：读属性的时候触发。$propertyName 表示调用的属性名。

（2）__set($propertyName,$values)：写属性的时候触发。$propertyName 表示调用的属性名，$values 代表操作时传入的值。

（3）__isset($propertyName)：外部调用 isset() 函数或者 empty() 函数时自动触发。

（4）__unset($propertyName)：外部调用 unset 结构删除对象属性时自动触发。

（5）__tostring()：对象被当作普通变量输出或者连接时自动调用。

属性重载只能在对象中使用，在静态方法中，这些方法不会被调用，因此这些方法不能声明为 static。另外当属性的声明为 public 时，对象本身不会自动调用 __get()、__set()、__isset() 和 __unset() 这四个方法。

案例 10-11：属性重载的代码示例。

```
1    <?php
2      class 家禽{
3        private $name='大公鸡';
4        //读取重载
5        function _get($key){
6          //echo $this->$name."<br>";
7          if(isset($this->$key)){
8            return $this->$key;
9          }else{
10           return(NULL);
11         }
12       }
13       //写重载
14       function __set($key,$values){
15         $this->$key=$values;
16       }
17       //判定重载
18       function __isset($key){
19         echo "外部测定私有成员<br>";
20       }
```

```
21      //删除重载
22      function __unset($key){
23          unset($this->$key);
24          echo "删除这个属性"."<br>";
25      }
26      //普通输出
27      function __tostring(){
28          return '这个变量不存在'.'<br>';
29      }
30  }
31  $s=new 家禽();              //实例化后对象自动调用，对象实例化
32  echo $s->name."<br>";       //类中私有属性，外部访问__get()
33  $s->name="大白鹅";          //给私有属性赋值，本来就会报错，所以触发了__set()
34  echo $s->name."<br>";
35  isset($s->name);            //判定私有属性也会报错,触发了__isset()
36  unset($s->name);            //删除属性，触发了__unset()
37  echo $s->name."<br>";       //类中私有属性，外部访问__get()
38  echo $s;                    //输出对象，报错，触发__tostring()
39  ?>
```

程序的运行结果如图 10-12 所示。

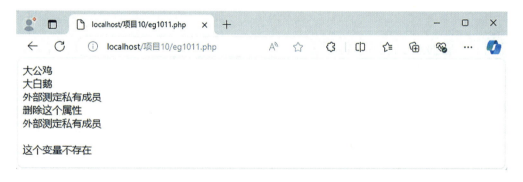

图10-12　属性重载的显示结果

10.5.2　方法重载

方法重载的主要目的是避免外部访问出错。当然在必要时也可以进行内部访问。方法重载是当 PHP 对象访问不存在的方法或者不允许访问的方法时自动调用的方法。方法重载涉及的方法主要有：

（1）__call($function_fname,$args)：对象调用不可调用方法时触发。

（2）__callsttatic($function_name,$args)：类访问不可调用静态方法时触发。

案例 10-12：方法重载的代码示例。

```
1   <?php
2     class 家禽{
3       private static function show(){
4         echo "你知道家禽都有哪些？<br>";
5       }
6       //普通方法重载,参数必须有方法的名字和参数
7       public function __call($fun,$args){
8         echo "调用对象中没有的方法，触发了__call重载<br>";
9       }
10      //静态方法重载，参数必须有方法的名字和参数
11      public static function __callstatic($fun,$args){
12        echo "调用类中不允许访问的静态方法，触发了__callstatic重载<br>";
13      }
14    }
15    $s=new 家禽();
16    $s->add();           //调用对象中没有的方法，触发了__call重载
17    家禽::show();        //调用类中不允许访问的静态方法，触发了__callstatic重载
18  ?>
```

程序的运行结果如图 10-13 所示。

图10-13 方法重载的显示结果

10.5.3 __clone()方法

在多数情况下，我们并不需要完全复制一个对象来获得其中属性。但如果一个项目里，需要使用两个或多个一模一样的对象，如果每个对象都用 new 关键字创建，那么会比较烦琐且易出错。对象复制可以通过 clone 关键字来完成，复制出的对象与原对象互不干扰。其语法格式如下：

克隆对象名称 = clone 原对象名称;

对象克隆成功后，它们中的成员方法、属性以及值是完全相同的。如果要对克隆后副本的成员属性重新赋值，可以使用 __clone() 方法。

__clone() 方法不能够直接被调用，只有当通过 clone 关键字克隆一个对象时才可

以使用该对象调用 __clone() 方法。当创建对象的副本时，PHP 会检查 __clone() 方法是否存在。如果不存在，那么它就会调用默认的 __clone() 方法，复制对象的所有属性。如果 __clone() 方法已经定义过，那么 __clone() 方法就会负责设置新对象的属性。所以在 __clone() 方法中，只需要覆盖那些需要更改的属性就可以了。

案例 10-13：克隆对象的使用方法。

```
1   <?php
2     class 家禽{
3       public $name;
4       public $size;
5       public $color;
6       public function __construct($name,$size,$color){
7         $this->name=$name;
8         $this->size=$size;
9         $this->color=$color;
10      }
11      public function say(){
12        echo "我是一只".$this->color."的".$this->size.$this->name."，"."我有两条腿和两只翅膀<br>";
13      }
14      public function __clone(){
15        $this->name="鸭";
16        $this->size="小";
17        $this->color="黄色";
18      }
19    }
20    $鹅=new 家禽("鹅","大","白色");
21    $鹅->say();
22    $鸭=clone $鹅;
23    $鸭->say();
24  ?>
```

程序的运行结果如图 10-14 所示。

图10-14　克隆对象的显示结果

项目实践

贷款计算器

任务分析

综合运用面向对象编程，可以提高程序的可维护性、易读性和易扩展性。试采用面向对象设计理念开发贷款计算器，要求用户输入贷款金额、年利率、贷款期限及选择贷款方式（等额本金、等额本息）后，可以计算出每月还款的金额及总还款金额。

任务实施

贷款计算器的初始界面是让使用者输入相关的贷款信息，根据不同的贷款方式，执行等额本息（calInterest.php）及等额本金（calAmount.php）的计算，将计算结果在新的页面显示。

贷款计算器的录入主界面的核心代码如下：

```
1   <!DOCTYPE html>
2   <html>
3     <head>
4       <meta charset="UTF-8">
5       <title>贷款计算器</title>
6       <style>
7         body {
8           font-family: Arial, sans-serif;
9         }
10        form {
11          margin: 20px;
12        }
13        label, input {
14          margin-bottom: 12px;
15        }
16        input[type="submit"] {
17          margin-top: 20px;
18        }
19      </style>
20    </head>
21    <body>
22      <h1>贷款计算器</h1>
```

```
23      <form method="post" action="<?php echo $_SERVER['PHP_SELF']; ?>">
24          <label for="principal">贷款金额(万元):</label>
25          <input type="number" step="0.01" id="principal" name="principal" required>
26          <br>
27          <label for="interestRate">年利率 (小数):</label>
28          <input type="number" step="0.01" id="interestRate" name="annualInterestRate" required>
29          <br>
30          <label for="loanTerm">贷款期限 (月):</label>
31          <input type="number" id="loanTerm" name="loanTerm" required>
32          <br>
33          <div id="loanMode">
34              <label for="calAmount"><input type="radio" name="option" value="calAmount.php" id="calAmount" > 等额本金</label>
35              <label for="calInterest"><input type="radio" name="option" value="calInterest.php" id="calInterest"> 等额本息</label>
36          </div>
37          <input type="submit" value="计算">
38      </form>
39      <?php
40      if(isset($_POST["option"])){ // 判断是否提交表单
41          $selectedFile = $_POST["option"]; // 获取被选中的文件名
42          if($selectedFile == "calAmount.php"){
43              include("calAmount.php"); // 包含并执行 calAmount.php 文件
44          } elseif ($selectedFile == "calInterest.php") {
45              include("calInterest.php"); // 包含并执行 calInterest.php 文件
46          }
47      }
48      ?>
49  </body>
50  </html>
```

等额本息还款法是每月偿还相同金额的贷款本息。

等额本息还款计算方法的公式为：

每月还款额 =[贷款本金 × 月利率 ×（1＋月利率）^ 还款月数] ÷ [((1＋月利率)^ 还款月数 −1)]

由于每月还款额要通过月利率计算，所以需要先将从输入界面获取的年利率转化为月利率。直接通过贷款计算器类的构造方法，获取贷款金额、月利率、贷款期数，计算出每月还款金额和总还款金额。

等额本息（calInterest.php）计算程序的核心代码如下：

```php
1   <?php
2     /*贷款计算器类
3     根据贷款金额、月利率、贷款期数计算出每月还款金额和总还款金额
4     */
5     class LoanCalculator {
6       private $principal;          //贷款金额
7       private $monthInterestRate;  // 月利率
8       private $loanTerm;           //贷款期数
9
10      //构造函数，获取贷款金额、月利率及贷款年限
11      public function _ _construct($principal, $annualInterestRate, $loanTerm) {
12        $this->principal = $principal*10000;
13        $this->monthInterestRate = $annualInterestRate / 100 / 12;//将年利率转化成月利率
14        $this->loanTerm = $loanTerm;
15      }
16      //计算每个月还款的金额
17      public function calculateMonthlyPayment() {
18        $monthlyPayment = $this->principal * $this->monthInterestRate* pow(1 + $this->monthInterestRate, $this->loanTerm)/ (pow(1 + $this->monthInterestRate, $this->loanTerm)-1);
19        return round($monthlyPayment, 2);
20      }
21      //获取还款的总金额
22      public function calculateTotalPayment() {
23        return $this->calculateMonthlyPayment() * $this->loanTerm;
24      }
25    }
26
27    // 处理表单数据
28    if ($_SERVER["REQUEST_METHOD"] == "POST") {
29      $principal = $_POST['principal'];
30      $annualInterestRate = $_POST['annualInterestRate'];
31      $loanTerm = $_POST['loanTerm'];
32
33      // 验证输入
34      if (!is_numeric($principal) || !is_numeric($annualInterestRate) || !is_numeric($loanTerm)) {
35        die("请输入有效的数字！");
36      }
37
```

```
38          // 创建贷款计算器对象
39          $calculator = new LoanCalculator($principal, $annualInterestRate, $loanTerm);
40
41          // 计算每月还款额和总还款额
42          $monthlyPayment = $calculator->calculateMonthlyPayment();
43          $totalPayment = $calculator->calculateTotalPayment();
44          // 构造URL并发送
45          $url = 'resultInterest.php?param1=' . urlencode($monthlyPayment) . '&param2=' . urlencode($totalPayment);
46          header('Location: ' . $url);
47          exit();
48      }
49  ?>
```

等额本金还款法中每月偿还的金额是不相同的。在计算每月还款金额时，将每个月还款的金额放入数组中，再通过循环语句，将每个月还款的金额进行累加，得到总还款金额。

等额本金（calAmount.php）计算程序的核心代码如下。

```
1   <?php
2       /*贷款计算器类
3       根据贷款金额、月利率、贷款期数计算出每月还款金额和总还款金额
4       */
5       class LoanCalculator {
6           private $principal;
7           private $monthInterestRate;
8           private $loanTerm;
9
10          //构造函数，获取贷款金额、月利率及贷款年限
11          public function __construct($principal, $annualInterestRate, $loanTerm) {
12              $this->principal = $principal*10000;
13              $this->monthInterestRate = $annualInterestRate / 100 / 12;
14              $this->loanTerm = $loanTerm;
15          }
16
17          public function calculateMonthlyPayment() {
18              $sum=0;
19              $hBen=$this->principal/$this->loanTerm;
20              $arr=array();
21              for($i=1;$i<=$this->loanTerm;$i++){
22                  $arr[$i]=$this->principal/$this->loanTerm+($this->principal-$hBen*($i-
```

```
                1))*$this->monthInterestRate;
23                  $arr[$i]=round($arr[$i],2);
24                  $sum=$sum+$arr[$i];
25              }
26              $arr[$this->loanTerm+1]=$sum;
27              return $arr;
28          }
29      }
30
31      // 处理表单数据
32      if ($_SERVER["REQUEST_METHOD"] == "POST") {
33          $principal = $_POST['principal'];
34          $annualInterestRate = $_POST['annualInterestRate'];
35          $loanTerm = $_POST['loanTerm'];
36
37          // 验证输入
38          if (!is_numeric($principal) || !is_numeric($annualInterestRate) || !is_numeric($loanTerm)) {
39              die("请输入有效的数字！");
40          }
41
42          // 创建贷款计算器对象
43          $calculator = new LoanCalculator($principal, $annualInterestRate, $loanTerm);
44          $arrMonth=$calculator->calculateMonthlyPayment();
45          $arrayAsString = implode(',', $arrMonth);
46          // 将用户重定向到新页面
47          $url = 'resultAmount.php?arrayData=' . urlencode($arrayAsString) . '&loanTerm=' . urlencode($loanTerm);
48          header('Location: ' . $url);
49          exit();
50      }
51  ?>
```

采用等额本金还款方式，由于每个月还款金额不同，需要将从第一期至最后一期每个月的还款金额分别列出。

等额本金结果输出（resultAmount.php）计算程序的核心代码如下。

```
1   <?php
2       // 获取传递的结果参数
3       $loanTerm = $_GET['loanTerm'] ?? '';
4       $arrayData = $_GET['arrayData']?? '';
```

```
5       $arrayData = explode(',', $arrayData);
6       // 处理接收到的数组数据
7       echo "<h2>还款详情</h2>";
8       for($i=0;$i<=$loanTerm-1;$i++)
9       {
10          echo "第";
11          echo $i+1;
12          echo "个月的还款金额为："."$arrayData[$i]."<br>";
13      }
14      echo "总还款金额为："."$arrayData[$loanTerm]."<br>";
15  ?>
```

采用等额本息还款方式每个月还款金额相同，只需要列出一期的还款金额即可。

等额本息结果输出（resultAmount.php）计算程序的核心代码如下。

```
1   <?php
2       // 新页面.php
3       $monthInterest = $_GET['param1'] ?? '';
4       $totalInterest = $_GET['param2'] ?? '';
5       echo "<h2>还贷详情</h2>";
6       echo "每月还款额: " . htmlspecialchars($monthInterest);
7       echo "<br>";
8       echo "还款总额: " . htmlspecialchars($totalInterest);
9   ?>
```

任务完成后，运行 index.php 程序，贷款计算器的初始界面运行效果如图 10-15 所示。

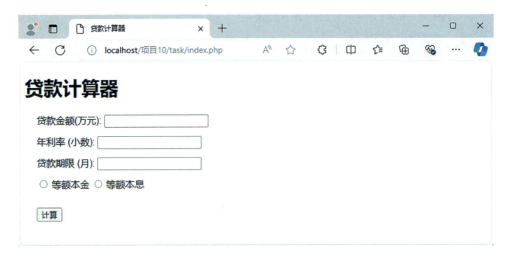

图10-15　贷款计算器初始界面

在贷款计算器上输入贷款金额、年利率、贷款期限及选中贷款方式（等额本金），运行界面如图 10-16 所示。

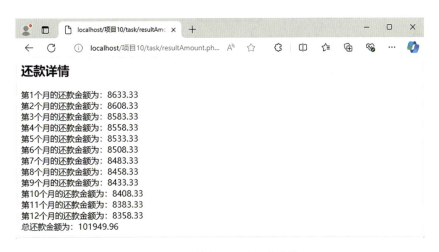

图10-16 贷款计算器录入贷款信息界面

贷款信息录入后，直接点击"计算"按钮，计算器会根据选中的还款方式进入相应的操作。等额本金还款方式的运行结果如图 10-17 所示。

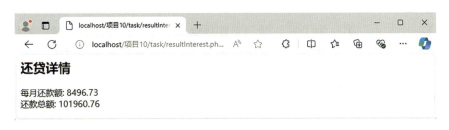

图10-17 等额本金的还款详情

等额本息还款方式的运行结果如图 10-18 所示。

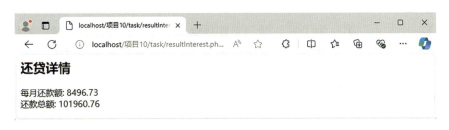

图10-18 等额本息的还款详情

项目小结

为了采用面向对象思想开发贷款计算器程序，林林对 PHP 面向对象的相关知识进行了学习，理解了类与对象的概念及关系，掌握了构造方法和析构方法，了解了面向对象三大特性：封装、继承和多态，对抽象类和接口技术有了比较清晰的认知，会熟练运行类和对象中的一些常用方法。通过面向对象的学习，林林觉得收获很多，对面向过程编程和面向对象编程两种编程思想有了明确的认知，可以更好地适应不同的应用场景和需求，选择合适的编程思想更快地开发出高效、可靠的应用程序。为了便于巩固所学，林林做了一个思维导图对知识点进行梳理，如图 10-19 所示。

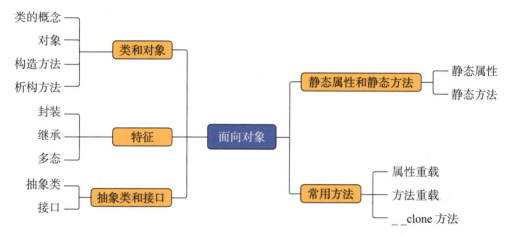

图10-19　项目10知识点思维导图

成长驿站

面向对象和面向过程两个编程理念需要深入理解、灵活运用，在不同的场合下选择合适的编程理念。并不是说面向对象是新产生的编程思想，就一定优于面向过程模式。

项目实训

1. 实训要求

定义一个"人"类，为"人"类定义成员变量：姓名、性别、年龄。然后根据本校学生的特点，定义一个"学生"类继承于"人"类，此时无须为"学生"类再次定义姓名、性别和年龄成员变量就可以直接使用这些变量。描述学生类，并添加成员属性和成员方法。生成学生类的对象"张三"，并为该对象设置成员属性值，调用成员方法。

2. 实训步骤

步骤1：创建"人"类，并添加成员属性和成员方法。

步骤2：继承"人"类，创建"学生"类，在类中添加学生的成员属性和成员方法。

步骤3：生成学生对象"张三"，并为该对象设置成员属性值，调用成员方法。

项目习题

一、填空题

1. 面向对象的主要特征有 _____、_____ 和 _____。
2. 继承的关键字为 _____，实现接口的关键字为 _____。
3. 在魔术方法中，_ _construct() 是 _____ 方法，_ _destruct() 是 _____ 方法。
4. 如果不想让一个类被实例化，只能被继承，那么可以将该类声明为 _____ 类。
5. 若子类需要使用父类的方法，则可以使用"_____::父类方法名"。

二、选择题

1. 以下关于面向对象的说法错误的是（　　）。
   A. 是一种符合人类思维习惯的编程思想
   B. 把解决的问题按照一定规则划分为多个独立对象，通过调用对象的方法来解决问题
   C. 面向对象的三大特征为封装、继承和多态
   D. 在代码维护上没有面向过程方便

2. 以下关于面向对象的说法错误的是（　　）。
   A. 面向对象就是把要处理的问题抽象为对象，通过对象的属性和行为来解决对象的实际问题
   B. 抽象就是忽略事物中与当前目标无关的非本质特征，更充分地注意与当前目标有关的本质特征，从而找出事物的共性
   C. 封装的信息隐蔽作用反映了事物的相对独立性，可以只关心它对外所提供的接口
   D. 面向对象编程要将所有属性都封装起来，不允许外部直接存取

3. 以下选项中说法正确的是（　　）。
   A. final 关键字标记的类不能被继承
   B. 一个子类可以有多个父类
   C. final 关键字标记的方法能被子类覆盖
   D. 继承可以添加新的属性或方法，但不能重写方法

4. 构造方法的使用下面描述错误的是（   ）。

    A. 构造函数的访问修饰符可以是 public、protected、private，一般情况下是 public，默认就是 public

    B. 构造函数可以有返回值

    C. 构造函数是系统调用的，程序员不能显示调用

    D. 如果没有给类自定义构造方法，则该类使用系统默认的构造方法，默认的构造方法的方法体为空

5. 接口与抽象类描述错误的是（   ）。

    A. 接口中的成员属性只能声明常量，不能声明变量

    B. 接口中的成员访问权限都必须是 public，抽象类中的权限是 public、protected

    C. 接口中所有方法都必须是抽象方法

    D. 接口中的抽象方法必须使用 abstract